图解住居学

（原著第二版）

[日] 本书编委会　编

[日] 岸本幸臣　吉田高子　后藤　久　渥美正子
　　大野治代　中林　浩　高阪谦次　小仓育代　执笔

胡惠琴　李逸定　译

中国建筑工业出版社

编者

图解住居学编辑委员会

代表 岸本幸臣（羽衣国际大学校长，大阪教育大学名誉教授）

委员 一栋宏子（大阪樟荫女子大学教授）

小野治代（大手前大学教授）

小川正光（爱知教育大学教授）

小仓育代（大阪女子短期大学教授）

梶浦恒男（大阪市立大学名誉教授，平安女学院大学名誉教授）

* 岸本幸臣（同前）

小林敬一郎（近畿医疗福祉大学教授，奈良艺术短期大学名誉教授）

土井正（大阪市立大学大学院副教授）

宫野道雄（大阪市立大学理事，副校长）

吉田高子（原近畿大学教授）

（按日语 50 音图排序，* 为本书编委会负责人）

写在出版的前面

随着生活水平的相对提升，国民对住宅的关心和追求比过去高了。舒适的家庭生活所必要的、适当面积的住宅，令人心旷神怡的温馨的室内设计，儿童、高龄者的无忧无虑生活的居住环境，人们对住宅的追求目标可以说是今日社会不可或缺的生活要求。

特别是 1995 年发生的"阪神·淡路大地震"再次警示我们，对住宅来说防灾的性能是多么的重要。

结果，人们对住宅的关心从过去流行的感官的东西向结构、性能以及包括政策在内本质的内容转移。此外，在生活科学、家政学专业的大学，培养教师专业的大学，学习住居学专业的学生也增加了。室内设计的专业学校、资格培养讲座也很有人气。

在住宅情况尚好的发达国家也是一样，随着国民对住宅意识提高，支持这些的教育基础的充实势在必行。说明如果不让国民每个人掌握住宅相关知识、住宅政策的内容，改善居住状态是相当困难的。在这个意义上让更多的人关心住居、掌握相关知识，对于改善日本的住宅现状是最重要的课题。

本图集系列是立足于这个视点，为今后在各种场合学习住居知识的人们，提供尽可能简单易懂的就身边的问题随时可以学习专业知识和技术的教材而编辑的。本系列丛书共 6 册构成，试图网罗有关住居的所有关键内容。

第 1 卷《住居与生活》介绍对人类生活来说，住居的存在意味着什么。把住居的形态、功能，放在住居所扎根的风土、社会、人们的家族生活以及某一时代中去思考。

第 2 卷《住居的空间构成》把住居作为人类生活的空间投影来把握，用人类的生活行为和空间的关系这一视点来论述。并且介绍住居设计上必要的空间构成理论，也就特殊空间的装饰和装备的思路展开论述。

第 3 卷《住居的结构法、材料》就构成住居的结构进行介绍。说明住居以什么样的体系进行建造的，包括安全性在内综合思考需要什么样的材料。

第 4 卷《住居与社会》研究与住居相关的诸问题，论述日本住宅和居住地问题的特性和其背景要素。此外，从国际视野就住宅政策所要求的新理念也进行了介绍。

第 5 卷《住居的环境》为实现舒适卫生的室内环境，从"光、声、热、空气、设备"的层面考察。并且就当今的课题实现环境共生、可持续发展的人类居住的视点，涉猎居住环境的问题。对支撑住居的各种设备也进行了介绍。

第 6 卷《住居的管理》研究住居与人类生活理想的对应关系，以及相关的技术和管理课题。针对动态的家族和生活内容住居和空间应该如何对应，说明什么样的管理系统是必要的，应该追求什么样的社会支援，并且关注居住地环境的课题。

本系列丛书在各卷内容上，尽可能增加可视空间，为寻找便于读者理解的形式而竭尽全力。阅读本书的读者，如果能比过去加深了对住居这一人类生活最重要基地的理解万感荣幸。全体执笔者一致恳切希望本系列丛书能为关心住居、学习住居的人们有效利用，为我们的居住生活、住宅的改善发挥绵薄之力。

图解住居学编辑委员会代表　岸本幸臣

1998 年 9 月

序言

住居对我们人类来说是不可或缺的生活"基地"。当关注具体的住居时就会发现世界上存在着各种各样的住居。现代的住居在户型平面形式多样，住宅设备年年升级。从室内设计上来讲，有强调豪华版的美丽，也有追求清晰功能性的。而且不仅是日常的住居，周末住宅、别墅豪宅等第2居所型的住居也在增加。

现代社会的住居，这样丰富多彩，可以说住居自古以来就是依据其扎根的土地情况、居住在那里的人们的生活习惯，以及住居存在的时代性，居住家族的社会阶层等形成多样性传承下来的。本书希望能基于什么时代，什么样的人居住在什么样地方的视点，多视角地看住居，以掌握关于住居的正确知识，而且室内的环境如何调整，居住地应是什么样的环境，如何选择住宅为好也是思考舒适居住生活的重要课题。

在这个意义上，本套"图解住居学系列"全6卷，可以说是发挥了导读的作用。如果理解了本书的内容，就会对住居的整体形象（透视）有大致的了解，基于以上的想法构思了以下各章的构成。

第1章，住居与风土的关系、与家族的对应状态，阐述基本的观点。

第2章，从历史的角度把握住居的变化，以日本为例考察迄今的变迁过程。

第3章，以外国为例说明同一时代的历史变化，介绍近代住宅诞生之前的发展历程。

第4章，论述家族和家庭生活变化对住居的影响，以高龄者、男女共同参加社会为前提。

第5章，考察支撑舒适的室内环境的要素，从环境共生的视点出发思考室内环境的人工化。

第6章，从居住地规划的视点叙述住居发挥功能所必要的生活半径。

第7章，展望超高龄化社会中住宅的需求、住居的设计、居住支援体系的充实。

第8章，理解住宅结构的特性、政策上的种类，追求正确的选择方式。

第9章，面对变化发展的社会，整理面对新时代思考住居的视角和课题。

现代我们的生活，可以说是处在激烈变化的漩涡中，围绕着住居的诸问题，从家庭生活的层面、社会生活的层面都会有巨大的变动。即家族形态会更加多样化，高龄社会将更加严重，环境共生变得愈加重要，信息化社会比以往来得更加迅猛，都是不可回避的现实。在本卷的编辑上，期待可以启发在这种背景下我们每个人，主体地追求舒适的"住居和居住环境"的判断能力，也是九章构成的主旨所在。阅读本书，从中学到的某方面知识，成为创造未来21世纪的新的"居住方式"的精神食粮，将是执笔者同仁的莫大幸福。

担当编辑委员　岸本幸臣

1999 年 10 月

第 2 版的刊行序言

《图解住居学 1 住居与生活》付梓已有 10 年了。其间发生了与本书记载事项相关的诸数据的更新，关联制度、政策的修订，以及之后随着研究的深入获得的新见解等，本书的记述内容也迎来了适当修改的时期。

而且与住居、居住生活相关的诸条件，与执笔时相比有了不同的变化，从家庭关系着眼，家族的特殊化现象更加严重，带来家庭内居住方式和生活上的质量变化。少子化、高龄化的进展也比预料的来得迅速，高龄者的居住方式以新的多样化在进展，在政策层面上公共住宅政策从过去的建筑物的供给向居住生活支援转化，开始了具有多视角的居住政策的摸索。此外高龄者福利领域引入了护理保险制度等，各种政策也出现了理念的更新。进而城市化、工业化带来了严重的环境破坏，对此，致力于以减轻对自然环境的负担为目的的居住方式、居住环境的具体措施在全球范围内展开。

在经济层面上，泡沫经济破裂后，住宅供给户数缩减了，住宅质量的改善观念开始从迄今的流行重视型向存量重视型转变。

在吸纳这 10 年中发生的住宅、居住生活环境变化的基础上，此次对本卷的内容进行了全面的审视，以及对某些内容进行必要的修订。

我们衷心期待改订版，成为我们今后展望住居、居住生活时的最佳读本，和初版书一样受到读者的喜爱。

担当编辑委员　岸本幸臣
2011 年 2 月

目录

第 9 章 家族和居住生活的未来

执笔分担（按执笔顺序）

岸本幸臣 第1、9章

吉田高子 第2章

后藤 久 第3章

渥美正子 第4章

大野治代 第5章

中林 浩 第6章

高阪谦次 第7章

小仓育代 第8章

第1章

什么是住居

　　我们人类,其生涯的大部分几乎都是在住所中度过的。其住所,且不论是简素还是豪华,一生没有体验住所可以维持生活的人是不存在的。

　　从历史上看,有原始时代的简陋的住宅,也有现代的高性能豪宅,可以说根据时代的不同有着质的改变,但是人类没有尝试过没有住所的生活。

　　住居正是我们人类为了生存,而且作为人需要文化地、充实地生存不可或缺的存在。正因为有了住居,人类才可以成长,培育人格,形成家族关系,掌握文化。幼童、高龄者,正因为有住居,才可以安心享受生活。在这个意义上,住居对人类来说可以说是极为重要的生活基地。

　　倘若仔细观察就会发现,住居存在各种各样的形态和使用方法。我们的生活越是多姿多彩,接纳我们生活的住居越是多种多样。而且基于人们生活的地域特性,住居也会呈现出各自不同的姿态和形式。

　　本章围绕着什么是住居这一主题,从与生活和风土的关联来思考,作为正确理解住居的前提加深基础的认知。

　　本章构成为第1节:关于"住居与风土"的关联;第2节:"住居与公、私空间"的构成方法与问题点;第3节:"住居与起居方式"我国特殊性和现代的课题;第4节:关于把握"住居的功能"的视点;第5节:"住生活的城市化"所具有的意义。

1.1 住居与风土

世界上存在着各种各样的住居，有充满异国情调的住居、也有很多在设计上出类拔萃的。首先有必要理解这些住居多样性的产生与地域特有风土的密切关联性。

1.1.1 住居与风土

某地固有的风土特性，决定了该地可以繁茂生长的动植物区系，自然也决定了当地的建筑材料。在雨水少的干旱地带使用石材、土坯砖，而在雨水多的温暖地带，大量茂盛的树木就成为了建筑材料。

1.1.2 建筑材料和设计

住居的建筑材料不同，建造的方法（工法）、外观的设计也不同。

采用石材、砖建造住宅是砌筑工法，因此具有开口部小，遮蔽性强的外观。如果使用木材建造住宅就是细长构件纵横组合的架构式工法，有着开放、轻盈的体态，因此利用横竖的构件线条表现外观的设计很多。

1.1.3 风土和居住方式

依据对应风土条件的方式，住居也会有开放的空间和封闭的空间，前者的住居，家族经常在一个房间（空间）内进行日常的家庭生活和家族生活。而后者，家族在各个房间内进行每个人的生活的机会多了，这种居住方式的不同，是形成民族性的家族意识不同的一个背景因素。

1.1.4 日本的风土特性

从地球规模看，首先理解日

图1.1　木之家（夏威夷，摄影：取手浩）[1]

图1.2　木与草之家（巴布亚新几内亚，摄影：八木幸二）[1]

图1.3　石之家（意大利，摄影：竹内裕二）

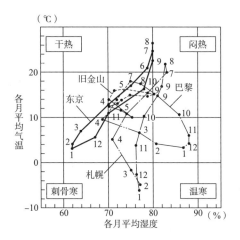

图1.4　气候图

风土与居住的对应关系

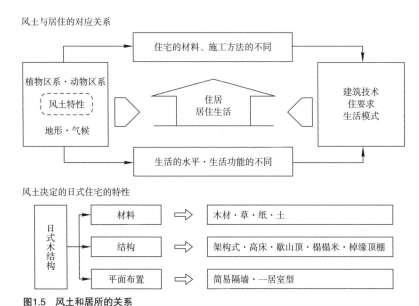

图1.5　风土和居所的关系

图1.6　开放的传统日式住宅（柏原之家，设计：平野宪司，摄影：喜多章）

本的风土与他国相比有何特性，有助于对日本的传统住居的理解，以及对今后的住居形态的展望。

日本气候温和，有丰富的降水和风，天气多变，特别是夏季闷热闻名于世。然而自然和四季的恩惠极其慷慨，喜爱融入自然的生活，应对地震、追求吸收振动能量的结构。在这种风土中诞生的是"传统日式木结构"住宅，简朴而开放，重视通风换气，为了让雨水排水通畅，采用三角屋顶为原则。为了获得与自然一体感，拥有注重室内外连续性的外廊。

1.1.5　和风住宅的特性

日本的风土特性，经整理有如下几点：

1）海洋性气候（温和的气候）

2）季风气候（雨、风多）

3）夏季高温多湿（夏天闷热）

4）气候区狭窄（气象变化大）

5）四季分明（自然美丽）

在这种环境下，日式木结构住宅，有着应对雨水侵入的硬山屋顶，通风开口部多，培育了珍重与自然共生的简朴住宅，因此可以说和风木结构住宅是适合日本风土的舒适性住宅的典型案例。

温和的气候条件，使得建造遮风避雨的简朴住宅成为可能。被称为"五风十雨"的风雨颇多的生活孕育了重视排水的屋顶构造和通风性强、开口部多的住宅，这也是抵御夏季酷热的必要条件。可以说四季的美丽也培育了日本人的住居观和生活观，即住居不是隔离于自然，而是与自然同化的建筑。

1.2 住居与公、私空间

住居对我们人类的生活来说是不可或缺的家庭生活的基地。因此，温馨包容家族生活的功能十分必要。同时，对家族每个人来说，追求的是安乐、慰藉的空间功能。为此的住居，应具有共同度日的公共生活场所，和个人的私密生活场所，是同时承担两个功能的空间。

1.2.1 私的住生活场所（单间）

在家庭中，经常会有自己一个人的生活行为，比如就寝、休息、阅读、学习、趣味生活，与朋友通电话，或者更衣、化妆等，这些生活行为是没有必要让家族介入或干涉的。

此外，诸如此类的行为为了在家族不顾忌的情况下进行，个人私生活的权利被承认是重要的，为保障个人的生活权利，具体的就是有必要确立为此的空间（房间）。这就是称为私室或单间的房间。

在美国，进入 20 世纪以来，作为保障个人私生活的概念，"孤身一人的权利"（right to be let alone）"享受趣味生活的权利"（right to enjoy life）的思想作为平面设计的理论被采纳。在日本，作为"正当的、没有必要家族介入和干涉的行为"的场所，确立个人私生活场所是必要的想法在今天成为共识。

1.2.2 公的住生活场所

在家庭的生活中，不仅是

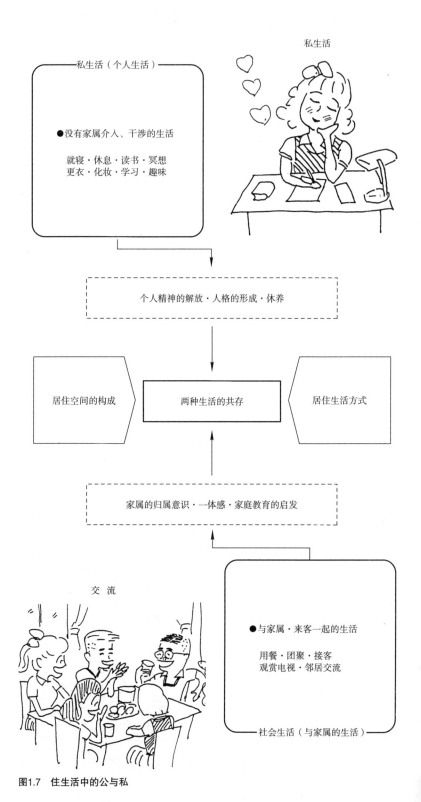

图1.7　住生活中的公与私

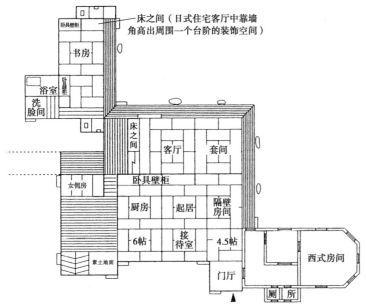

图1.8 和洋折中住宅（明治后期）[2]

床之间（日式住宅客厅中靠墙角高出周围一个台阶的装饰空间）

卧具壁柜
书房
浴室
洗脸间
床之间
客厅
套间
女佣房
卧具壁柜
厨房
起居
隔壁房间
6帖
接待室
4.5帖
西式房间
蒙土地面
门厅
厕所

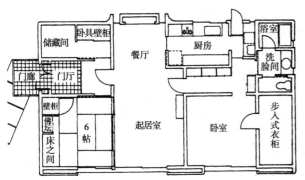

图1.9 以起居室为中心的住宅（1985，兵库县伊丹市，设计：德冈工务店）[3]

储藏间
卧具壁柜
餐厅
厨房
浴室
洗脸间
门廊
门厅
壁柜
佛坛
床之间
6帖
起居室
卧室
步入式衣柜

从各私密空间可以直接出入公共空间

图1.10 战后的公私室型空间的平面布置

夫妇卧室
卫生间
子女房间
浴室
公共空间
餐厅
厨房
子女房间

个体一个人的生活，是与家族共同度过的，也存在着接待邻居和朋友等接客生活的一面，与个体以外的人共同生活的行为包括用餐、团圆、接待客人、家庭聚会、教育子女等。

在日本，只是自己和家族构成的生活，比如用餐、家族团圆，兄弟姐妹对话等行为，是血缘间的公的生活。通过我们与家族的共同生活，可以启发人格的塑造，感知精神的安乐，促进孩童的社会化。在这个意义上公的生活场所的确立，可以说对家族居住生活而言是重要的课题。

相比之下，与客人共享的会餐、聚会，更多地让人感觉多少是带有排场、外向性格的公的生活。

1.2.3 现代的课题

私密生活场所的现代课题是"个室（单间）"的圣域化问题。在居住方式上出现了对个人的生活过分重视的现象，以致难以保证与家族团圆的场所和时间。

追求理想的个人生活与家族生活协调的私的生活状态，是现代住生活的重大课题。

公的生活场所的课题是起居室排场化问题。作为家族和朋友们交流场所的起居室，设备和家具的高档化，限制了轻松自由的使用，向炫耀的"装饰空间"变质，此外，成为家族专用的聚合房间，或相反成为接待客人的专用空间等问题。

13

1.3 住居与起居方式

我们日常在家庭室内行动的姿势有两种：一种是在榻榻米或地板上席地而坐，席地而卧的姿势，我们称之为"地板坐"，另一种是坐在椅子上，横卧在床上的姿势，称之为"椅子坐"。日本的平民生活，直至明治时代的末期都是以"地板坐"为中心的，大正时代以城市为中心开始出现和洋折中型住宅，自此，城市住宅的一部分引进了"椅子坐"的空间。战后随着以公房为中心普及的DK型集合住宅，平民住宅也开始确立了"椅子坐"的生活。

1.3.1 "椅子坐"和"地板坐"的特征

当今的居住生活中，在家庭中几乎都采用"椅子坐"和"地板坐"两种方式。只是在引入椅子的初期，"椅子坐"居室和"地板坐"的居室，在生活方式上的区别也很明显，即"椅子坐"只是在西式房间或采用西式家具的居室中采用，在这个意义上可以说在一套住房中有两种起居方式"并存"。

然而，看看现在起居方式，与居室的建造方式无关，两种起居方式均被采用，在日式房间中放入了床，进行"椅子坐"的生活，而在居室形式的西式房间放进了家庭用日式暖炉，享受席地而坐生活的居住方式，基本成为固定模式，可以看出两种方式的"混用"状态。

把两种起居方式引入家庭

椅子坐和地板坐的特征　　　　表1.1

椅子坐	地板坐
×房间不能转用，需要房间数	○房间的用途不固定，转用性高
×必要的面积比地板坐要大	○必要的面积比椅子坐少
○比起椅子，可采取自由的姿势	×要求正坐等勉强的姿势
○房间的用途被限制，生活有秩序	○可以获得放松、安定的气氛
×以椅子为首，需要家具的费用	○吸湿性、弹性适合裸足的生活
○活动性，作业效率高	×活动性，作业能效低
○根据需要，可以选用耐久性高的地板材料	×作为地板材料缺乏耐久性
×采暖设备的热工效率差	×地板材料吸收水分、细菌，不卫生
○呼吸的位置高于地面，卫生	×呼吸距地面近，不卫生

注：○表示优点　×表示缺点

图1.11　西式住宅（西乡从道邸·明治初期上流阶级，博物馆明治村）[4]

图1.12　西式住宅的生活（明治初期）[5]

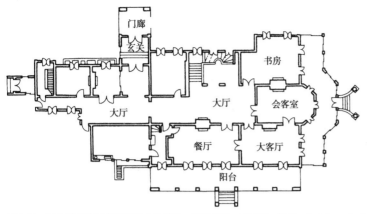

图1.13 西式住宅的平面图实例（岩崎宅一层平面图，1896年，设计：Josiah conder）

日式与西式的对照（明治初期）[5] 表1.2

	日　式	西　式
起居	地板坐	椅子坐
衣服	和服（KIMONO） 木屐，草鞋	西装 鞋
地面	榻榻米，席子	铺木地板，地毯，铺石
家具设备	坐垫 炕桌 矮脚餐桌 家庭用取暖桌 卧具 大衣柜 卧具壁柜	椅子 安乐椅（沙发） 饭桌（写字台） 床铺（床） 西式大衣柜 步入式衣橱，装饰柜
门厅	上台阶后换鞋 素土地面	穿鞋进屋
房间	可以转用 功能的多项转换	功能固定 起居室，餐厅，卧室，会客室，书房等
屋顶	陡坡屋顶 铺瓦片 双坡屋顶	缓坡屋顶 铺水泥板 混凝土浇筑平屋顶
开口	檐廊 护门板 槅扇 竹帘 （推拉窗）	门（平开），窗（平开），窗（上下开），窗帘
顶棚	木条压着顶棚 方格顶棚	抹灰，吊顶
墙	土，砂	抹灰，墙纸

图1.14 席地而坐感觉的起居室（设计：贵志雅树）[3]

生活的情况在世界上也是稀有的居住方式，每种方式都有难以割舍的优点，可以说是把两种居住方式的优势共同用于居住生活中的结果。

1.3.2 裸足式椅子坐的统一

我们的起居方式，毫无疑问地朝着未来的"椅子坐"的方向进化，包括住宅设计西化，居住生活整体的西化有进一步扩大的趋势。

但是将来的西化不希望我们的住居、居住生活成为现在欧美风格的"椅子坐"，即转化为穿鞋式"椅子坐"，不可能取消在玄关脱鞋行为。穿着鞋进入，在居室、客厅和衣而坐的居住方式是日本人无法接受的。

因此，我们将来定型的起居方式应该是在玄关把鞋子脱掉，然后进入室内的裸足式"椅子坐"的样式。只要在玄关脱鞋进入室内的裸足式生活习惯在延续，保持室内清洁的意识就会保留，"椅子坐"的房间也可以接受垂足而坐和席地躺卧的生活方式，日本这种独特的起居方式今后也会继续下去的。

图1.15 和洋折中的住宅

15

1.4 住居的功能

我们为什么需要住居呢? 在今天, 社会生活、家庭生活变得复杂多样, 对住居要求的功能过多, 以至于连住居本来的功能都看不到了。

其结果, 把关注点放在了本来对住居来说并不重要的功能、或者比较抢眼的地方上。因此重新认识住居应有的功能和作用, 寻找新的居住方式、适合自己的住居可以说是非常重要的课题。此外, 正确梳理住居的功能, 构思合理的空间时, 对生活行为分类也是十分重要的。

1.4.1 住居的第一次功能

动物的住居称作"巢", 巢的最重要作用可以说是避难所的功能。巢是动物抵御自然界寒暑和保护自己不受外敌侵害的不可缺少的存在。

我们人类也是一样, 在生活水平低下的原始时代, 需要保护生命的避难所"巢"。保护身体不受自然界风雨酷热寒冷的侵害以及保护生命, 避免野兽和毒性生物的威胁, 巢是不可取代的重要空间。因此, 作为人类可以无防备地安心休憩的空间功能, 应该说是住居的第一次功能, 可以定位为"保护的功能"。

1.4.2 住居的第二次功能

人类与动物不同, 具有经营家庭生活, 向儿女进行文化和技术传承的义务, 因此住居自古以来就是生活资料的生产、

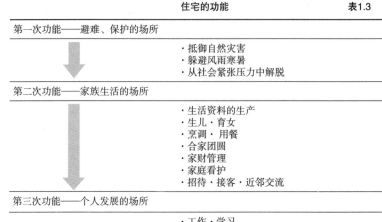

住宅的功能　　　　　　　　　　　　　　　　表1.3

第一次功能——避难、保护的场所
·抵御自然灾害 ·躲避风雨寒暑 ·从社会紧张压力中解脱
第二次功能——家族生活的场所
·生活资料的生产 ·生儿·育女 ·烹调·用餐 ·合家团圆 ·家财管理 ·家庭看护 ·招待·接客·近邻交流
第三次功能——个人发展的场所
·工作·学习 ·休养·休憩·睡眠 ·趣味·自我实现

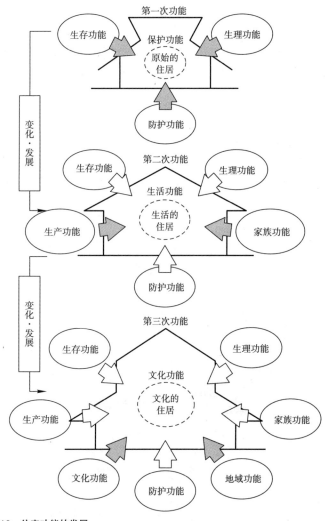

图1.16 住宅功能的发展

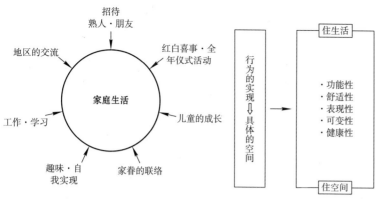

图1.17　家庭生活的内容

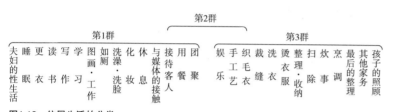

图1.18　住居生活的分类

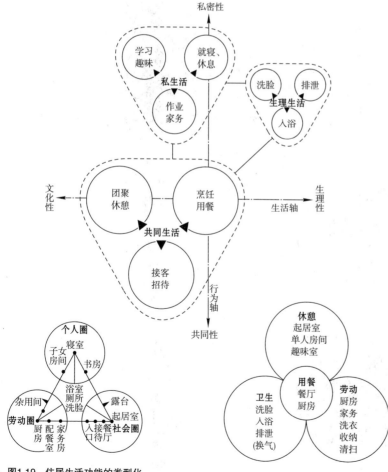

图1.19　住居生活功能的类型化

哺育后代、炊事、团圆、家产管理、家庭看护、接待客人、近邻交流的场所。

住居整合成适合进行这些生活行为的条件，就是第二步所要求的重要功能。

原始社会、未开社会的住居，停留在这个阶段的情况很多。这表明对于人类来说，住居作为家庭生活容器功能是最根本的，即第二次功能，可以定位为"生活的功能"。

1.4.3　住居的第三次功能

如果只是保护不受外敌的侵害，经营家庭生活的场所，住居的功能并没有完结。正像现代的我们，随着生活要求高度化、多样化，要求住居的功能也会多样性变化。充实个人私生活的余暇、文化生活的场所、放松休憩的场所或者自我实现的场所功能，在今后的住居中成为重要功能。在这个意义上，第三次功能可以定位为"文化的功能"。

1.4.4　住居的空间构成

住居要舒适，首先充分满足房间数量、房间的大小是很重要的。此外，各种设备、机器完备也很重要。但是在物理的条件上，各室的适当配置，即空间构成的方式也是实现舒适居住空间不可缺少的条件。

作为这个空间构成的方法，将生活行为进行分类，一般做法是将类似性高的行为集中，差异性高的行为分离。在这方面，很多学者认为食寝分离、就寝分离、公私分离是空间构成的根本。

1.5 住生活的城市化

随着社会的发展，家庭生活也高度复杂化了。

过去在家庭中经营的生活，在现代只有依赖于家庭外部的服务才能正常运转的越来越多。而且现代住居，并不是单纯在基地上建起来就可以居住。如果不和各种城市基础设施连接就无法发挥住居的功能。

1.5.1 居住环境的城市化和共同化

在现代的社会，住居独立运行是不可能的。舒适地经营生活，如果不与各种生活配套联动的话，无论多么现代的住居作为实际生活的场所都是不合格的。与供水、燃气等连通后，厨房才真正成为炊事场所。上下水接通，抽水马桶才起作用，电线如果没有连通，电话也好、空调也好、电脑也好、电视也好，一切家电都无法运转。

进而，居住地附近支撑日常生活的商业设施、医疗设施、学校教育设施等也是十分必要的。在高龄化社会，老年人的交流场所是不可缺少的，让儿童们安心游玩，发生灾害时成为紧急避难所的公园，住居的近邻都是必要的。居住地的出行，提供各种服务用车，为此通行道路的完善可以说也是舒适生活不可缺少的设施。

还有，居住地的环境维持在较好的水平，各种城市规划规定的与土地利用各种规范有关的规定也是必要条件。

这样，现代的住居要与各

〈城市居住的条件〉

〈规划的环境〉	〈集约化环境〉	〈人工化环境〉
·合理性 ·功能性 ·省力性	·效率化 ·集合化 ·多层化	·机械的 ·千篇一律的 ·非自然的

仁川车站前地区[6]

〈城市设施〉	〈供给处理设施〉	〈生活服务设施〉
·公园 ·广场·停车场 ·道路·交通工具 ·体育馆·礼堂 ·美术馆·图书馆	·电气·燃气 ·上下水 ·信息通信 ·垃圾处理	·学校·消防·医院 ·警察·店铺 ·社区设施 ·政府·行政机关

〈城市居住的特性〉

图1.20 居住地的城市性环境

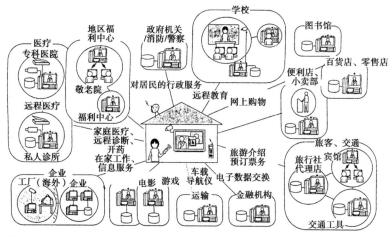

图1.21 多媒体时代的住居

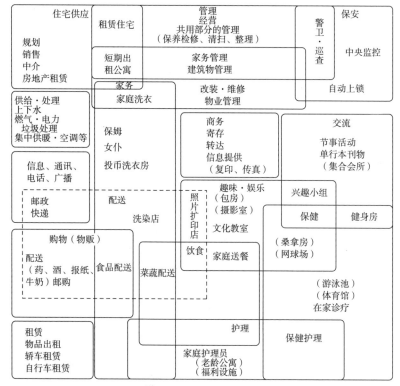

图1.22 与居住关联服务的扩大[7]

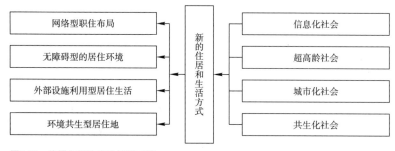

图1.23 住居和居住生活的新环境

种外界条件保持密切关系的同时，考虑其功能和生活的方式显得尤为重要。

1.5.2 居住生活的外部化

在住居中的生活行为本身随着时代、社会的发展，发生了前所未有的变化，电脑技术发展所支撑的信息设备的普及和多样化，迅速扩大了生活的多媒体化。过去的收音机、电话，然后是电视都成为家庭与外界联系的信息手段。

今天介于家庭的电脑终端，足不出户就可以购买商品，接受医疗诊断，参加学校教育，接受地域福利中心的服务。将来家庭办公的职业、就业，在许多行业将成为普遍现象。

特别是进入高龄化社会，为受到行动半径制约的高龄者提供有效快捷的服务。居住区有必要建立一套生活支援的服务体系。今后的住居如果不在居住区各种生活支援的网络中有效定位，就无法享受舒适的生活。住居在发挥单体作用和性能的同时，与外部开放的功能如何有效地链接，已经成为方便居住的重要性能的考量指标。

1.5.3 职场和住居的关系

职场和住所的关系称为职住布局关系。产业革命以后所谓工人，就是指在工厂（企业）就业谋生的人。因此，住居不再需要具备务农、经商的营业功能，变成了纯粹的为家庭生活服务的功能，职场和住居的距离加大了，远距离通勤成为社会问题，新的职住布局关系的形态，开始成为社会关注的课题。

图表出处

1) 茶谷正洋編：住まいを探る世界旅，彰国社，1996
2) 木村徳國：明治時代の住宅改良と中廊下形住宅様式の成立，北大工学部研究紀要，第21号，1959
3) 新住宅，Vol. 40，新住宅社，1985
4) 明治村編：明治村カタログ，1973
5) 稲葉和也，中山繁信：日本人の住まい，彰国社，1983
6) 住宅・都市整備公団関西支社　集住体研究会編著：集住体デザインの最前線，彰国社，1998
7) 巽和夫編：現代ハウジング用語事典，彰国社，1993

第2章

日本住居的变迁

　　处在当今生活的现代化、国际化中，现代的住居无疑是传承了日本特有的居住生活方式和住居形态的传统。

　　必须了解，这些住居都是在过去不同时代的社会、政治、技术背景下产生出来的。在历史上受诸外国的影响，经过漫长的时间积淀才成就了今天的住居。

　　在这里，关于住居的形态和住居的历史变化，关注生活于那个时代的人们，围绕着这些人物进行住居形式的研究。但是统治阶层的住居与大多数平民阶层相比，资料的残留情况有很大的不同，而且必须认识到因时代不同其观点的把握也会有偏颇。

　　本章第1节，主要就原始住居的主流——竖穴住居、贵族住居形式的高床住居，以及与中世、近世住居有渊源关系的平房建筑进行叙述。第2节，考察作为奈良时代上层阶级的住居，橘夫人的宅子和长屋王的宅邸，以及藤原氏大宅院东三条官殿发展而来的寝殿造和居住方式。第3节，以武士时代为背景，考察源赖朝将军宅邸的建筑构成，以及室町时代初代足利尊氏的将军宅邸和第8代足利义政的东山殿到书院造的形成过程。第4节，从开拓近世的丰臣秀吉的京都居所聚乐第大广间看初期书院造的形态，从德川家康营造的名古屋城本丸御殿看书院造的完成形态。第5节，概观中世、近世的农民、商人的住居——农家和商家的形式。第6节，考察伴随着开国后的明治、大正时代生活的西化、住居的西化和现代化的倾向。最后第7节，思考引领近代日本住居建筑的建筑师提出的住居和居住方式。

2.1 原始住居

2.1.1 原始住居的形式

关于原始时代的住居，通过近年来的发掘成果、研究[*1]得知，存在着超越过去分类的多种多样的形式。

表2.1（上）通过多数发掘遗构、房型土器对原始住居进行分类，表明变迁情况，粗分为竖穴住居系列和埋柱式建筑系列两大类。

其中竖穴住居，是地面向下挖掘低于地表的建筑，平面型有圆形、圆角方形、方形等。立面形式有接地屋顶（屋顶直接落在地面上）、墙体式（屋顶和地面之间做低的墙体）两种形式，都是建于绳文时代前期到平安时代。

平地住居是指屋内的地面不像竖穴住居那样向下挖掘，外观为接地屋顶式、环沟式（周围有护沟）、墙体式等。

埋柱式建筑可分为高床建筑（地板架高）形式和平屋建筑形式。

除了住居外，还有仓库多采用高床式。从发掘出的建筑构件中可以看出地板的支撑方法有年代的变化。

平屋建筑是从绳文时代中期开始就存在的土坐形式（素土地面的住居），即便是豪族的居馆其正房也多采用。由地板的束柱支撑的低矮地面的平屋形式的住居在古坟时代后期才出现。

表2.1（下）表明剖面形状和室内空间的样式。

2.1.2 竖穴住居

通过发掘的绳文时代中期的千叶县高根木户遗迹的竖穴

从原始时代到古代的住居形式   表2.1

形式		时代划分	原始时代			古代	
			绳文	弥生	古坟	奈良	平安
竖穴住居系列	竖穴住居	伏屋式					
		墙体式					
	平地住居	伏屋式					
		墙体式					
埋柱式建筑系列	高床建筑	高床式					
	平屋建筑	无床式					
		低床式					

竖穴住居系列		埋柱式建筑系列	
竖穴住居	平地住居	高床建筑	平屋建筑
（伏屋式）	（伏屋式）	（高床式）	（无床式）
（墙体式）	（墙体式）		（低床式）

图2.1 战刀环头饰中的竖穴住居[1]

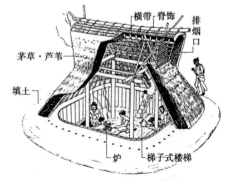

图2.2 竖穴住居的结构和居住方式[2]

横带　脊饰　排烟口
茅草·芦苇
填土
炉　梯子式楼梯

图2.3 铜铎上绘制的高床仓库[3]

图2.4 复原的高床仓库（登吕遗迹，摄影：伊藤要太郎）

图2.5 家屋文镜的4种建筑（佐味田古坟出土，摄影：村泽文雄）

平地住居（双坡屋顶）

高床住居
图2.6 家型埴轮[4]

图2.7 复原住居（埋柱式建筑和竖穴住居）

住居确认，地面位于向下挖深约1米处，沿着圆形平面的周围墙体有6个埋柱的柱穴，室内中央有采暖和炊事用炉的痕迹。图2.2是竖穴住居的结构和居住方式复原图。

图2.1从东大寺山古坟出土的战刀铸造的环头饰中可以看到茅草屋顶的伏屋式竖穴住居的外形。

2.1.3 高床仓库

从弥生时代的登吕遗迹（静冈县）检验出水田遗迹和竖穴住居遗迹，以及高床仓库遗迹（图2.4）。

还发掘出刻有地板高度的柱子构件（一根木头刻有几段）和保护高床仓库中收获的稻米的防鼠装置。

2.1.4 家屋文镜和家型埴轮

佐味田古镇（奈良县）出土的家屋文镜的背面，如图2.5铸有4种古代存在的建筑。

上图是伏屋式竖穴住居；右图是高床仓库架有梯子；下图是高床式住居，有露台、梯子及扶手，是身份高的人的居所；左面是有高墙体的平屋形式的住居。

从家型埴轮可以了解到当时地方贵族居馆的情形（图2.6），4世纪后半叶的家型埴轮中以平屋住居和高床住居两种为主流。图2.6的高床住居与家屋文镜的高床住居同样有着歇山屋顶和下部高架的地板，两层楼那样的外观，但居住部分只限于上层。

平屋住居有硬山和歇山两种。墙上有窗户，出入口敞开着，已经有了与之后的民居（农家）相似的外观。

2.1.5 复原住居

图2.7是兵库县东有手遗迹复原的埋柱式建筑和竖穴住居。

2.2 古代的住居

2.2.1 橘夫人宅邸

建在法隆寺东院（梦殿的某一院落）的传法堂（图2.8）是奈良时代的宅邸建筑遗构。其宅邸内的建筑是橘夫人（光明皇后的母亲）通过移建捐赠给法隆寺传法堂的，保留至今。图2.9、2.10 的传法堂是橘夫人宅邸建筑当初形象的复原。由门和墙壁围合的室（卧室）是敞开着的，进而外廊向外部延伸，圆柱，屋顶铺的是桧皮，低架地板。据考证，这个建筑不是宅邸的正殿，是侧殿。

2.2.2 平城京的长屋王宅邸

长屋王（天武天皇的孙子，724 年为左大臣）的宅邸位于平城京的面向一级地段的宫城前的二条大路和东一条大路的场所。

图 2.11、2.13 为基于发掘调查获取的柱穴遗迹复原的建筑总图和复原图。

宅邸内的中央内院为长屋王的正殿，正殿为 7 间 ×5 间（7 间 2 面披檐）的规模。

正殿为埋柱式，有地板，桧皮铺屋面，山形屋顶的建筑。7 间 ×3 间的主屋由 2 室构成，主屋的前后附有披檐，侧殿为私用空间。

东正殿是由列柱围合、四面带有披檐的歇山造建筑。

从东正殿看到的主屋和披檐的构成如图 2.12 所示，是古代建筑空间构成的基本，放大的手法是采用主屋附加披檐的形式，后来发展到主屋四面都带有披檐。

2.2.3 藤原氏的东三条殿

位于平安京二条大路西，

图2.8　法隆寺传法堂

图2.9　橘夫人宅邸模型[5]

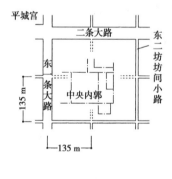

图2.10　橘夫人宅邸复原图

图2.11　长屋王宅邸总图（左）和建筑物遗迹（右）[6]

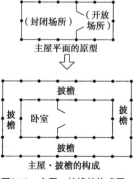

图2.12　主屋·披檐的构成图

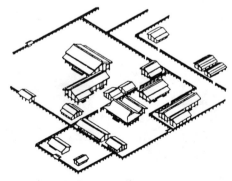

图2.13　长屋王宅邸复原图[6]

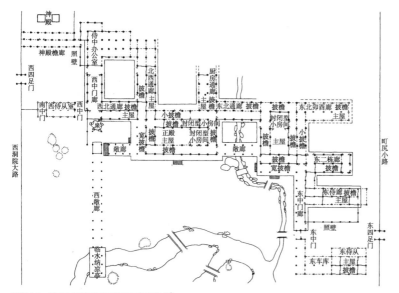

图2.14 东三条殿建筑总平面复原图[7)]

图2.15 东三条殿复原模型[7)]

图2.16 东三条殿寝殿的盛宴（"年中行事画卷"）

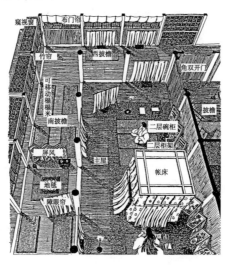

图2.17 寝殿的布设[8)]

西洞院大路东的基地曾有藤原氏的大宅邸，东三条殿。图2.14、2.15是依据《年中行事画卷》等复原的，12世纪初作为摄政忠实、忠通宅邸的东三条殿是规模宏大的寝殿造。

寝殿造是平安中期形成的贵族等的上层阶级的住居形式，平安京是以1町见方（约120m×120m）的基地为基本单位。

东三条殿规模有2町大小，其建筑布置如图所示，寝殿为中心建筑，东北是对屋（东对，北对，东北对），由渡廊连接。

东对伸向东中门廊以南，与东中门相连。东中门是通向寝殿、南庭的正式入口。

西面的西透廊向南庭延伸，与西钓殿相连。

把溪流引入南庭的池子，以营造中岛等。寝殿的节事活动扩展到户外，以及作为游戏的场所南庭都是重要的空间。

寝殿是主人的居住场所，主屋除了卧室都没有隔断，南面如图2.16所示可以作为仪式、节事以及后来的正规宴会的场所发挥了重要作用。

寝殿由主屋和披檐构成，北披檐还附带着小披檐，这里作为日常空间使用。

2.2.4 寝殿的摆设

寝殿的地面都是木板铺装，由实墙作为隔断的几乎没有，因此在里面居住必须有家具、日用器具等布设。

如图2.17所示，根据情况有重大节事需要布置时，作为坐具可以使用榻榻米、席子，作为隔断可使用幔帐、屏风、卷帘等。此外，称作"帐台"的是寝所。

2.3 中世的住居

2.3.1 镰仓将军、源赖朝的大仓御所

在镰仓开设幕府的源赖朝把平安贵族的寝殿作为将军御所，整合成为符合武士仪式和日常生活的形式。

作为源氏三代将军御所的大仓御所（1180~1219），除了寝殿外还有西侍（家人等休息的场所、仪式、酒宴的场所），西廊（相当于中门廊进入寝殿的主要入口），小御所（令爱、公子的居所），马厩等作为武士住宅的栋梁构成了独立宅邸体系。最值得关注的是通向宅邸的大门作为南门，设在寝殿的正面（图2.18）[*2]。

平安贵族的寝殿造，寝殿的正面南庭为苑池。入口原则上是侧面的东中门、西中门，在镰仓将军御所，在寝殿南庭没有设苑池，作为可以应对众多家臣列队、骑马、出征等行为的开放的广场形式，南庭直接与南门、大路连接，这一构成被后来的镰仓将军御所所继承。

图2.19是1307年绘制的地方武士宅邸——漆间时国宅邸。是由中门廊与寝殿连接的形式，可以看到寝殿正面的南门、马厩、厨房等。

2.3.2 室町将军、足利尊氏宅邸

足利尊氏在京都拥有将军御所，图2.20《等持寺古绘图》描绘了足利尊氏把宅邸（1344年以前）作为寺庙—等持寺的构成图，以该图为底本使室町将军宅邸得以复原。

等持寺有寝殿（图中称佛殿）、常御所（方丈）、小御所，从寝殿向前庭伸延的中门廊面向正面的正门（栋门）开设入口（侧面入口）等都是继承了镰仓将军御所的形式，此外节事用寝殿前庭作为广场形式；

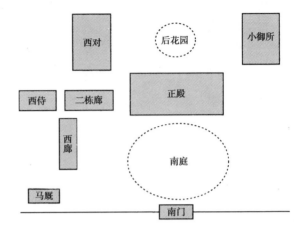

图2.18 赖朝将军御所（大仓御所）设施总平面示意图

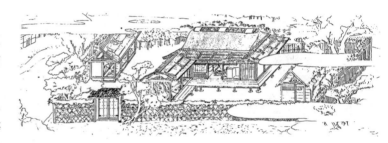

图2.19 地方武士豪宅（漆间时国宅邸，东京大学资料）

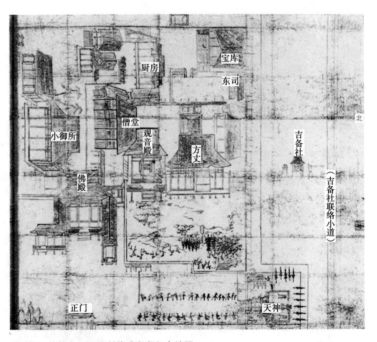

图2.20 等持寺（原足利尊氏宅邸）古绘图

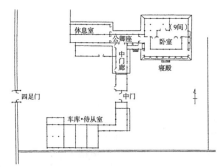

图2.21 足利义教的室町殿[3]

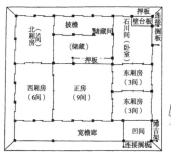

图2.22 东山殿会所复原图（川上贡提供）

图2.23 东求堂同仁斋的书架和付书院（摄影：吉田 靖）

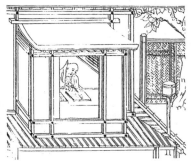

图2.24 写字台(付书院，东京大学资料)

图2.25 前置书桌和可移动榻榻米（东京大学资料）

图2.26 押板（床之间，东京大学资料）

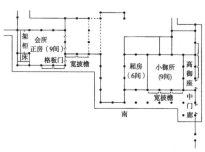

图2.27 法身院小御所，会所复原图[9]

面向里侧的常御所、观音殿前有苑池的形式等都是后世室町将军宅邸的基本形式。图2.21 是 6 代将军足利义教将军的宅第、室町殿，是永享 3 年（1431）的作品。其用于节事庆典的部分由寝殿、中门廊、中门、侍廊、公卿座、车库、随从所，（西）四足门等构成，寝殿侧面设有正门，这又回到了平安贵族的寝殿造形式。

但是从寝殿内部可以看出变化。保持了寝殿南北向隔断的平门以南，主屋、披檐构成的寝殿形式，但是平门以北，无视主屋、披檐的位置自由地进行间隔，形成了"九间"等房间。

2.3.3 东山殿的建筑和座敷饰（zashiki decoration）

东山殿（后改名慈照寺）是文明 15 年（1483）第 8 代将军足利义政作为山庄营建的，除了常御所等居住设施外，内侧还有东求堂、银阁（观音殿）、会所等。会所当时是举行连歌、和歌、斗茶、花赛等上流阶级社交的场所。

图2.22 是东山殿会所的复原图。平面的间隔没有主屋和披檐的区分，在石山的中间可以看到压板、书架、书院等。

图2.23 是东求堂（1485）的书斋（同仁斋），是固定书架和付书院现存最古老的。

图2.24 说明从文机（书桌）到出文机（付书院）的变化，图2.25、2.26 表明从前置书桌到固定押板（床之间）的变化和初期形态。

2.3.4 高僧的住居和会所

法身院是 15 世纪初期的醍醐寺的京城住坊（图2.27）。中心建筑的小御所南面间隔成 6 间和 9 间，中门廊突出于东南角，成为后来与主殿接近的形式。会所是 9 间，固定家具有博古架、床之间等。

2.4　近世的住居

2.4.1　主殿形式（初期书院造）

到了15世纪末宅邸的中心建筑，不再称寝殿，而改称主殿。

主屋和披檐的构成解体，南面也是施有隔断的形式，室町时代末期到桃山时代成立的初期书院也称为主殿造了。

主殿的形式被园城寺光净院客殿（图2.28~2.30）所代表。与完成期的书院造相比保留了寝殿造的要素是其特色，附有中门廊（中门），外围一圈门窗多采用支摘窗。

书院造的室内正像主殿的图（图2.31）所展示的那样，接待客人的最上层的房间有上段，正面有床之间（押板）、棚（博古架），侧面有书院（付书院），帐台构（进入卧室的入口装饰）。

《洛中洛外图屏风》描绘了室町时代末期的京城的状况。它表现了主殿形式的细川宅邸（图2.32），进门后可以看到中门廊的主殿。正面门廊卷棚式封檐板也与光净院客殿采用同一形式。

2.4.2　秀吉的聚乐第大广间

秀吉在京城建设的宅邸聚乐第的主殿，称大广间。

如图2.33所示带有初期书院造特征的中门，三列并行的平面宽阔的大御殿，间隔着一排卧室，包括上段、上上段的中段的2排相对，用于接待客人。

图2.34是《匠明》所记载的广间的图示。

可以看出上段的正面前庭曾建有能乐舞台的痕迹。

正对广间的背后，是能乐

图2.28　光净院客殿平面图[3)]

图2.29　光净院客殿外观和门廊（摄影：恒成一训）

图2.30　园城寺光净院客殿上座间

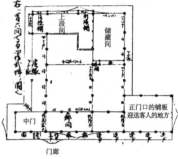

图2.31　主殿的图

图2.32　细川宅邸（洛中洛外图屏风，东京大学资料）

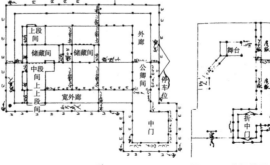

图2.33　聚乐第大广间[3)]

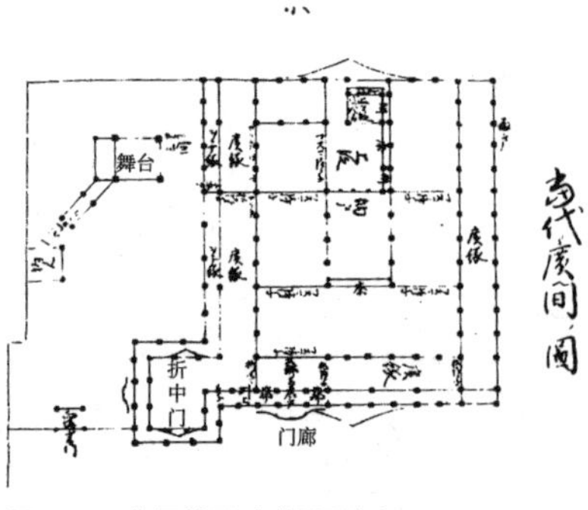

图2.34　广间的图（《匠明》）

和数寄屋的茶宴，是当时接待客人不可缺少的东西。

2.4.3 武士宅邸的构成

书院造是以武士为首的上流阶层的住居形式。

图2.35是《匠明》所刊载的武士宅邸图。

以广间为中心接待客人用的建筑（御成御殿、舞台、后台、茶室、日式客厅、书院、御成门等）占据了宅邸南面（图的左方）近一半的空间。主人居住用的建筑（书院、御寝间）几乎位于中心部，其北侧是夫人的建筑（御上方、局）。这里有主宰家政的大厨房、料理间，以及宅邸周围的长屋构成（家臣的住所）。

2.4.4 名古屋城本丸御殿

名古屋是庆长15年（1610）德川家康为其子义直建造的城郭，成为尾张德川家的居城。

图2.36是名古屋城本丸御殿的总平面图。

御殿为玄关、表书院、会面所、上洛殿（三代将军家光上洛时建造的）、黑木书院、御汤殿书院，以及上厨房、上御膳所、下御膳所等，由走廊连接。

表书院没有中门廊，可以看作是书院造的完成状态。上段间如图2.37所示，床之间和博古架布置在正面，为了表现会面的形式。房间的构成南侧为1号间、

东侧为2号间、3号间呈L型布置。

2.4.5 书院造的室内构成

作为书院造的室内建筑特征是隔断的增加（多室化），圆柱改成方柱，移动榻榻米坐垫变成了室内全铺的固定榻榻米（榻榻米的地板标准化），上段的形成（房间序列的形成），会面的主客厅布设有床之间、博古架、书院、帐台构等客厅装饰，由障壁画将风格统一起来的室内装饰等。

图2.38是西本愿寺白书院的上段间的室内构成。上段的正面是床之间、书架，右侧是帐台构，左侧为付书院，天花板为四周凹圆的细格顶棚。

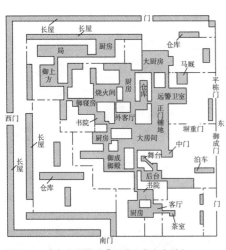

图2.35　武士宅邸图（「匠明」东京大学）

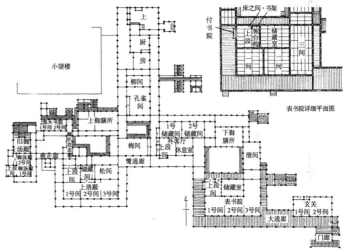

图2.36　名古屋城本丸御殿平面图[1]

图2.37　名古屋城本丸御殿表书院上段间

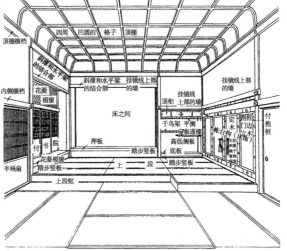

图2.38　书院的室内构成（西本愿寺白书院）[1]

2.5 町和村的住居 / 中世·近世民居

2.5.1 中世京都的町家

图 2.39 是《洛中洛外图屏风》，可以窥知 1530 年时的京城町家。几乎都是平房，屋顶为板铺，坡度很缓。墙壁为土墙，但是柱子等木头部分不封在土墙内，与街道相接，挑出店棚，摆上出售的物品。作为平民生活场所，町家的后院设有厕所、水井、晾晒场等。

图2.39　中世京都的町屋（《洛中洛外图屏风》）

2.5.2 今井町（奈良县）的町家

今井町如图 2.40 所示，较好地保留了江户时代旧寺内町的街景，被国家指定为重要传统建筑群保存地区。其町家出于防火的考虑采用瓦屋顶，外墙涂灰浆。此外，町家的平面与农家相比，一般开间较窄进深较长。

其中也有像 1650 年建造的今西家住宅那样大型町家（图2.41~2.43）。房间 6 间排成两列，通庭连接后院，面向街道有店铺、内店、土间有下店等多种类型的店铺空间，内部有客厅（座敷）、佛间、厨房、储藏等居住、接待客人的房间。另外，外侧的 2 层是顶棚较低的 2 层橱柜，作为储物空间或佣人的寝所。

图2.40　今井町（奈良县）的街景[10]

2.5.3 古民居的造型（农家）

近世的民居（农家）的平面基本型集约为四间型。

作为古民居的先驱形式，有前客厅式三间型和广间式三间型两种形式。

图 2.44 是前客厅三间型的古井家住宅（兵库县），称为"千年家"的江户初期的古民居，正面是客厅兼起居室、卧室，以及有炉子的厨房（起居室兼餐厅）构成。

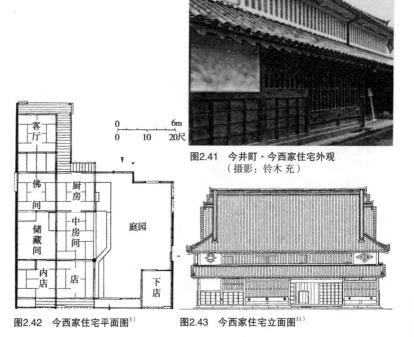

图2.41　今井町·今西家住宅外观
（摄影：铃木 充）

图2.42　今西家住宅平面图[3]　　图2.43　今西家住宅立面图[11]

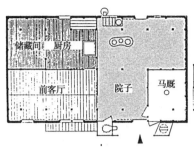

图2.44 古井家住宅（兵库县）平面图

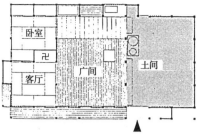

图2.45 北村家住宅（神奈川县）平面图

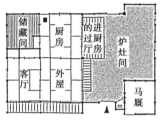

图2.46 山本家住宅（大阪府）平面图

图2.47 山本家住宅外观

曲屋（岩手县）[3]

大和栋（大阪府）[3]

合掌造（富山县）[1]

分栋型（千叶县，摄影：鸟畑英太郎）

本栋造（长野县，摄影：和木 通）

北村家住宅（神奈川县）[3]

图2.48 各地的民宅

土间是有灶台的炊事空间和与农作业空间相伴而生的宽大内院以及入口侧的马厩组成。

图2.45是广间式三间型形式的北村家住宅（神奈川县），是1687年建的关东民居。

广间，既是起居室兼餐厅，也是有炉和水的炊事空间，地面是竹子条铺的，土间很大，与广间相连有炉灶。

里面是客厅、兼作佛间，再往里的房间是卧室。

图2.46、2.47是17世纪中期建造的山本家住宅（大阪府），四间型民居初期的例子，由客厅（兼佛间）、储藏间、厨房、外屋4室组成。

由此得知，前客厅式三间型和广间式三间型的形式后来都转型为四间型。

2.5.4 各地的民居

影响民居形式的要因有气候条件（积雪、雨、风、气温）、地形条件（平地、山地、町等）、可获得的建筑材料（屋顶材料等）、生产形态（农业、养蚕、制造业）、家族形态（大家族、隐居等）、政策（开间限制、建筑房屋限制等）、建筑技术（开口部的形式、结构）等。

图2.48的曲屋是由主屋前面宽阔的马厩呈L型连接而形成的，合掌造是由于在屋架内设养蚕的蚕棚而形成坡度很陡的屋顶，构成有特征的外观。还有本栋造，是以板铺缓坡屋顶的山墙一面为正面的。大和栋也称高围墙造，茅草铺就的山墙屋顶的两端为瓦铺，灶间是低于其他屋顶的瓦屋顶。分栋型是采用居室部分（左栋）和灶间（右栋的土间）分开并置的形式。

31

2.6.1 明治的大宅邸岩崎久弥宅

岩崎宅邸，三菱的创始者岩崎弥太郎的长子久弥的旧宅邸，明治29年（1896）建于东京的汤岛。

现存的西式宅邸，是英国建筑师肯德尔的设计，与其说是住居，招待所的意味更浓。

北侧正面有入口门廊、玄关厅、大厅，南侧布置有大食堂、大客厅等接待客人用的房间，阳台朝向庭院开敞。二层设客用卧室。日式的主宅部分，有与日常生活的各房间并列排布的规模大的日式宅邸（现已不存在），日式接待客人用的书院造的大客厅（图2.49）。

2.6.2 日式和西式的住居

图2.50是明治43年（1910），建在北九州户畑的松本健次郎的旧宅邸，现在仍保留了西洋楼与日式主宅。西洋楼是辰野、片冈事务所设计的，采用了文艺复兴的样式。

图2.51是明治40年（1907）1月发行的《日式和西式住宅平面实例图集》所载的日式和西式并置的明治时代的宅邸例。有西式的接待客人的宅邸和用走廊连接的日式宅邸，日式宅邸引进了玄关、主栋、厨房栋构成的书院造风格，是重视接待客人的房间构成。

图2.52，同一图集刊载的中流阶层的住居，憧憬西洋文化，把1间西式的客厅附加在日式住宅的玄关一角。图2.53是拥有西式客厅的住宅，西式客厅的存在也反映在外观上。

2.6.3 工薪阶层的住居

随着日本近代社会的形成，工薪阶层作为中产阶级在城市中

洋楼正立面和门廊

大客厅室内

图2.50 旧松本宅邸的日式宅邸和西洋楼

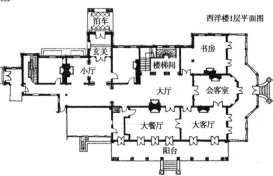

图2.49 岩崎宅邸[12]

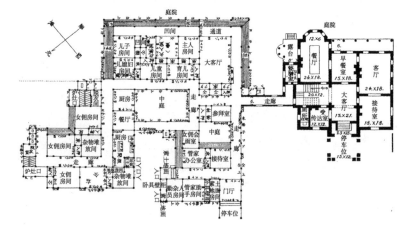

图2.51 有日式楼和西洋楼的明治时代的宅邸[13]

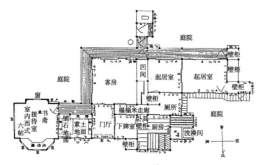

图2.52 有西式客厅的宅邸

地号平面图

图2.53 有西式客厅的住宅

图2.54 池田室町住宅地，地号住宅

地号复原立面图

外观

起居室·餐厅[14]

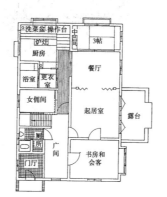

图2.55 樱之丘住博会出展作品
（片冈建筑事务所）[15]

庭园。

此外，不设客厅，可以看出比起接待客人更重视家庭生活。但是隔墙不是墙体，是隔扇，所以私密性差，房间的功能至今没有固定。

2.6.4 樱之丘的摩登住宅

面向住宅的现代化，大正11年（1922）日本建筑协会主办的住宅改造博览会在樱之丘箕面市召开。作为大正期的生活改善运动的一环，追求住宅的1）从席地而坐向垂足坐转化；2）居室和卧室分设；3）住宅设备的充实等。

沿着这一主题设计出25栋住宅作品，图2.55是片冈建筑事务所推出的住宅作品。木结构的二层，红瓦屋顶，泥浆土的外墙，平开玻璃窗，玻璃门、玄关门等采用了西式设计手法。室内在起居室，餐厅配置桌椅，二层的夫妇卧室、老人室、儿童房间都是榻榻米铺设，还有温水暖气，采用冲水马桶的厕所。

出现了。由于前往郊外的电车开通，其住宅从水、空气污染的市内向环境优美的郊外转移。箕面有马电车轨道公司（现在的阪急电铁）明治43年（1910）随着电铁开业在沿线开发和销售了住宅地。图2.54是在其池田新市区建造的住宅。这是面对工薪阶层的近代住宅，其特色有以下几点：

1）木结构两层，瓦屋顶，露柱墙体，外墙为土墙，装有墙裙板。

2）外围的门窗一、二层都是有套窗的玻璃障子窗。

3）土间不像民居那样宽大，只限于玄关和厨房。

4）房间都是铺榻榻米的日式房间，由外廊连接各房间。

5）基地面积为100坪，带有

2.7 面向现代的住宅

2.7.1 建筑师理想中的住宅

堀口舍己（1939年）模仿西洋的现代建筑运动——国际样式建造了若狭宅邸（图2.56）。把钢筋混凝土的屋面作为体操场，起居室为一大的空间，上部有挑空。

清家清，在森宅邸（1951年）的摩登住宅中积极采用隔扇、障子、榻榻米作为自由空间。另外，板铺的起居室内与外廊连接等，确立了和风思想。

广濑镰二的自宅（SH-1）（1952年）是那以后建筑生产工业化的先驱，尝试了钢结构住宅的建造（图2.58），利用铁、玻璃、砖、混凝土等的特性，以截面小

的细钢柱，宽大的玻璃面创造了日本罕见的摩登住宅。

丹下健三的自宅（1953年）是木结构的，采用底层架空形式，二层作为居住，以厨房、厕所、浴室等设备系统为核心，依靠榻榻米、障子等元素创造了继承传统美学的开放空间（图2.59）。

菊竹清训的自宅——skyhouse（1958年）是由4根墙柱支撑，室内通过使用成套可动住宅设备（厨

房、卫生间）和中央的收纳成套可动住宅设备成为可以应对生长、变化的等质空间（图2.60）。

吉阪隆正的自宅——贝拉库库（1959年）受柯布西耶的影响做出了混凝土清水墙的自由形态。

东孝光，为坚持住在城市，在有限的基地（20.5m²）上建造了自宅——塔之家（1966年），这是一个6层纵向连接的住宅，赋予每层一个功能的形式。

图2.56 若狭宅邸（设计：堀口捨己）[1]

图2.57 森宅邸
（设计：清家清，摄影：平山忠治）

图2.58 SH-1,外观和平面图（设计：广濑镰二，摄影：平山忠治）

图2.60 Skyhouse,
外观和平面图[16]
（设计：菊竹清训）

图2.59 自己宅邸（设计：丹下 健三，摄影：村泽文雄）

图2.61 贝拉库库（音译）外观和平面图（设计：吉阪隆正，摄影：村泽文雄）

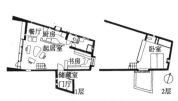

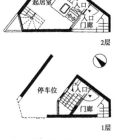

图2.62 塔之家，外观和平面图[16]（设计：东孝光）

2.7.2 集合住宅

向城市提供的现代集合住宅是钢筋混凝土的中层住宅（图2.63）。

其中昭和26年（1951）建设的公营住宅51C型的平面（图2.66），在厨房引进就餐空间，即所谓餐厨式，这是垂足式的就餐方式，因此固定了餐室，而且确保了2个卧室，作为公营住宅的标准设计确立了食寝分离的居住方式。

住宅公团于昭和30年（1955）成立，在城市范围规划开发住宅区，推进了钢筋混凝土集合住宅的建设（图2.65）。

昭和33年（1958），集合住宅的居住人口达100万人，公团住宅成为收容称为"小区族"年轻白领的核心家庭的新的住宅形式。

公团住宅为DK型平面，有浴室（图2.67），开发了厨房不锈钢的洗涤池，这种现代化生活成为人们憧憬的目标。

昭和35年（1960）开始，随着家电化趋势在住居内普及、充实了电动洗衣机、电冰箱等设备。

随着电视的普及，家族被吸引到电视机前，除了餐厅以外家族聚集的房间成为需求。

对此，昭和43年（1968）在DK型平面上又增加了椅子式起居室，即有3个卧室的3LDK户型的商品房集合住宅开始建设（图2.68）。

原先的DK型，卧室与白天的起居室转用，LDK型由于起居室的确立，各自卧室的独立也得到确保。

昭和25年（1950）成立的住宅金融公库对住宅建设资金的贷款以低利息，长期偿还为目标，促进了小住宅的私有房和商品房的建设。

其平面，当初为中廊型，昭和45年（1970）开始引进了起居室中心型的平面并普及，公团住宅的LDK型的住居在小户型上也固定下来。

表2.2是总结归纳的战后住居变迁的年表。

图2.63 法圆坂小区（公营住宅）[17]

图2.64 协同·奥林匹亚（民间公寓）[17]

图2.65 千里新城住宅小区（住宅公团）[17]

图2.66 公营住宅51C型平面图[17]

图2.67 公团住宅2DK平面图[17]

图2.68 公团商品住宅3LDK平面图[17]

住居的年表（战后~现代） 表2.2

年代		1950	1955	1960	1965	1970
住宅的动向	摩登主义	立体最小限住宅 1950·池边阳	Sh-1 1952·广濑谦二	skyhouse 1958·菊竹清训	塔之家 1966·东孝光	栗津邸 1972·原广司
		森宅邸 1951·清家清	丹下自宅 1953·丹下健三	贝拉库库 吉阪隆正	白之家 获原一男	矢野邸 矶崎新
	集合住宅 城市化 住宅问题 预制	公营住宅51C型	公团住宅2DK	公寓·奥林匹亚	公团商品房3LDK	樱台院落村（1969）
		法元坂小区（1957）	香里小区（1958）（小区族）	千里新城（1962）（公寓热）	高藏寺新城（1968）（第二次公寓热）	
			木造租赁公寓	文化住宅	销售商品住宅	
		pureimosi（前川国男）	袖珍住房（大和房屋）	积水住房（钢结构系列）	三和住房（木结构系列）	bebel房屋（混凝土系列）
住宅设备	暖房 冷房		石油大量生产 煤气炉	电气暖房	住宅用集中供暖正式启动	
			水桶型空调（国产）		空调普及（3C时代，彩电、小汽车）	
	厨房（水，煤气，电气）		城市水道建设	太阳能热水器	瞬间热水器	
	浴室，厕所 信息 其他		城市煤气普及	公团住宅不锈钢洗涤台 烤箱 电饭锅 换气扇 电冰箱普及		
			洗衣机普及		公团西式座便器采用 公团hourou浴缸采用	
		荧光灯 TV放送开始 电话普及		住宅用不锈钢		

35

图表出处

1) 住宅史研究会編：日本住宅史図集，理工図書，1989
2) 古代住居と古墳，世界文化社，1989
3) 日本建築学会編：日本建築史図集〈新訂版〉，彰国社，1980
4) 宮本長二郎：日本原始古代の住居建築，中央公論美術出版，1996
5) 伊藤延男編：日本の美術　第38号　住居（すまい），至文堂，1969
6) 奈良国立文化財研究所編：奈良国立文化財研究所学報25冊，真陽社
7) 林屋辰三郎他：蘇る平安京，京都市，1994
8) 稲葉和也・中山繁信：日本人の住まい/住宅と生活の歴史，彰国社，1983
9) 川上　貢編：日本の美術　第199号　室町建築，至文堂，1982
10) 宮本長二郎編：日本の美術　第288号　民家と町並み，至文堂，1971
11) 鈴木嘉吉編：日本の民家6　町家II，学習研究社，1980
12) 文化財建造物保存技術協会編：旧岩崎家住宅修理報告書，2005
13) 越本長三郎：和洋住宅間取実例図集，建築書院，1907
14) 創立70周年記念住宅展委員会：住宅近代化への歩みと日本建築協会，日本建築協会，1988
15) 吉田高子他：大正「住宅改造博覧会」の夢，INAX，1988
16) 横山正他：昭和住宅史，新建築社，1977
17) 足立孝他編：住宅建設20年史（住まいNo.22別冊），勤労者住宅協会，1975

参考文献

＊1　宮本長二郎：日本原始古代の住居建築，中央公論美術出版，1996
＊2　藤田盟児：鎌倉武士住宅の空間構成―幕府御所を中心として―（『建築史の空間』，中央公論美術出版，1999）

第 3 章

西洋住居的变迁

住居最初是保卫人类不受自然的威胁和抵御外敌的掩体，人类自觉于舒适性后就与动物的巢彻底隔绝了。冰河期结束时，在西欧诞生的原始农村木结构住居与狩猎时代的竖穴住居等不同，发展到一个新阶段。但是这些住居大小都很相似，没有贫富差别。这是原始共同体中看到的特性。而同一时期在埃及、西亚等东方地域，已经到达最初的阶级社会——古代，就是说那里出现了统治者，其住居与一般住宅分离开，发展为石砌和砖砌的豪华住宅。

因此，即使是同一时代的住宅，有统治阶层的住宅和被统治阶层的住宅；即使是同一时代同一阶层的住宅，由于各地的气候、风土的关系，建筑材料、技术的不同，导致住居的形式也有变化。因此与住居史、建筑史看到的纪念性建筑不同，有着多样的人类本身的生活历史，如果问到是哪个时代的住宅，或是哪个国家的住宅，都很难简单地回答。

但是，在 19 世纪之前，建筑师所从事的住宅其对象仅限于上层阶层的住宅。体现居住在其中的主人地位是重要的。但是近代产业革命和市民革命改变了社会结构和价值观，1910 年欧洲各地出现了多元的建筑理念，经过 20 年代的实践形成近代建筑，在世界各地蓬勃展开，然后第 2 次世界大战后，美国跻身进来，奠定了近代住宅的方向，产生了传世杰作，近代建筑到了 70 年代迎来了转换期，对住宅的要求也多样化了，包括对式样的回归等呈现出寻求向现代主义转化的趋势。今后我们在城市、产业结构变化的大背景中，与各种价值观并存，面向 21 世纪，以与自然共生的视野继续摸索真正意义的住宅。

3.1.1　原始农村住居的诞生

我们的祖先最初是集体居住在作为保卫人类不受自然的威胁和外敌侵略的掩体、洞窟里，逐渐人类自觉于舒适性后建造人工的住居与动物的巢彻底隔绝了。也发现有吃了驯鹿的肉，将其骨头和皮做成帐篷的家，用猛犸的骨头和牙齿构筑的家（图3.1、3.2）。还有在地中挖穴、用草木架起屋顶的竖穴住居等，冰河期结束时，原始住居也多样化地发展了（图3.3、3.4）。冰河后退后，在西欧来自东方的移民在水边营建了农耕聚落。这些称为"湖村"的聚落住居，由前庭和门廊以及主室和前室两间组成（图3.5~3.7）。在水边附近还发现有打桩建造的桩上住居遗迹（图3.8），使用金属工具取代石头后，还建造了结实的校仓造（井干式）的家（图3.9），而这时的西欧还浓厚地保留着原始的要素。

图3.1　上：帐篷之家。洞窟壁画，冰河时代。下：用兽皮覆盖的竖穴住居复原图。旧石器时代

图3.2　猛犸骨之家的复原图。乌克兰，旧石器时代

图3.3　用草或树枝建造的家的复原图。中石器时代

图3.4　长形的住居复原图。波罗的海地方，新石器时代

图3.5　湖村的住居复原图。阿伊斯比尔（音译）新石器时代

图3.6　圆木屋住居复原图。阿伊斯比尔（音译）新石器时代

图3.7　左：西欧的住居发展
右：西欧的复原住宅内部的炉灶

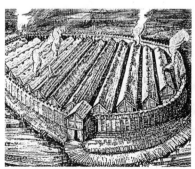

图3.8　比斯古班（Biskupin）遗迹复原图。波兰 铁器时代。用栅栏围合的住居群

图3.9　校仓造（井干式）住居复原图。南德，青铜器时代

3.1.2 东方城市住宅的确立

早期农耕聚落的发祥地美索不达米亚等东方诸国，由于雨水少，木材匮乏，把掺有稻草的土坯砖等作为建筑材料。今天仍可以看到的穹顶形住居，数千年来几乎没有变化（图3.10、3.11）。

另外雨水少的地方，家的屋顶不起坡，因此房屋容易集合，集合是为了防御敌人的侵犯。茶塔尔福克街区都是户墙互相连接的，没有道路，屋顶设出入口直接进入。除有利于防洪外，敌人袭击时把梯子收起来，住居整体就形成了堡垒（图3.12）。

哈苏纳遗迹的住宅平面构成，是初期聚落的典型，互相复杂地依偎在一起，基本上是有灶台的房间和卧室两间，有前庭（图3.13、3.14）。

逐渐村庄有了城市的性格，住宅面对街道密集排列，由于增建，前庭变成中庭。这些住居以出入口为首，所有中庭成为中心，这种空间称为"有心空间"（有心平面）（图3.15、3.16）。

东方诸国产生阶级分化，统治者诞生，发展到古代社会。统治阶层的住居即宫殿从一般住宅开始不断巨大化，以中庭为核心的有心平面重复组合，形成复合型有心平面。叙利亚帝国的萨尔贡国王的宫殿就是典型的复合型有心平面（图3.17、3.18）。

图3.10 耶利哥(Jericho巴勒斯坦古城)的圆顶型住居复原图。公元前数千年形成的村落

图3.11 叙利亚的圆顶型住居。用土坯垒砌的远古传统的施工方法

图3.12 加泰土丘镇的复原图。安塔丽亚遗迹，土耳其，新石器时代

图3.13 哈苏纳遗迹第4层位的2个住宅的平面图。美索不达米亚。B.C.4400-4200年

图3.14 同左，复原图。前面的房屋是前院和2个房间构成，在墙上有加固（加固墙）

图3.15 乌勒尔（Ullr）的西方住宅地，美索不达米亚。所有住房都带中庭

图3.16 同上图，地区内的一套住宅平面图。B.C.1800年，作为中庭型住宅建造的

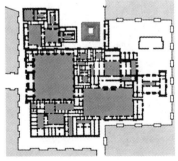

图3.17 萨尔贡 (Sargon)二世的王宫平面图。科尔沙巴德，B.C.722-705 年

图3.18 同左，复原图。有心平面被大规模复合

3.2.1 古代埃及的住宅

公元前5500年左右，尼罗河畔出现了定居农耕社会。从事农业人们的住居是通过把植物的树枝、根茎纵横组合，两面涂上干泥的干泥工法技术建造的（图3.19）。这种用干泥工法建造的民居至今仍可看到（图3.20）。

在公元前3600年左右诞生了王国的埃及，公元前1800年左右城市文化开始繁荣，统治阶层的上流住宅迅速发展。并建造了从事金字塔工程的建设者街区（图3.22）。迪尔·埃尔·梅迪纳（Deir el-Medina）也是设在底比斯西郊（古埃及 Thebe）的工匠街，使用土坯（图3.21），每住户为5m×15m的标准户型，街区有400人居住（图3.23、3.24）。同样在西郊、阿玛尔纳（Amarna）等地方看到的宫殿也是由多数建筑构成的（图3.25）。贵族的上流住宅也在城市中占有宽阔的基地。主屋的平面基本上是正方形，空间构成是以中央广间为中心的，可以看到与西亚相同的以中庭为中心的有心空间（图3.26、3.27）。

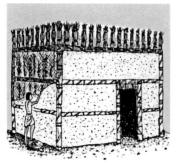

图3.19 干泥工法。在椰枣树的叶子或芦苇等植物的两侧涂抹泥的初期工法

图3.20 农民的家。底比斯西郊（古埃及Thebe），用古代传统的干泥工法建造

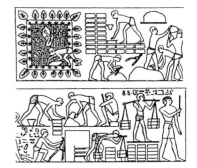

图3.21 烧砖图。来自建设大臣雷库米拉（音译）的壁画。第18代王朝

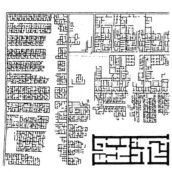

图3.22 阿富汗的城市。法尤姆（Faiyum）近郊，第12代王朝，B.C.1897年左右

图3.23 上：迪尔.埃尔.梅迪纳（Deir el-Medina）工匠街区的遗迹。第18代王朝，B.C. 1500~1100年左右。下：同上，平面图

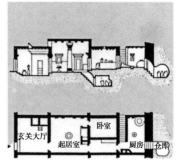

图3.24 同左，标准的1住户。平面图·断面图。平房的屋顶可以出入

图3.25 阿孟和蒂（Amenhotep）3世的宫殿。马尔卡塔（Malkata），第18代王朝

图3.26 大厅复原想象图。宫殿等高级住宅中心的房间，从高窗采光

图3.27 上流住宅主屋的平面图。阿玛尔纳，第18代王朝

3.2.2　希腊、罗马型住宅

公元前 1600 年左右，爱琴海一带城市业已繁荣，通过尚未开化的希腊人，一时又回到了农耕生活。希腊人再次构筑古代城市文明的是公元前 5~6 世纪的事情了。

希腊最初的住居形式叫megaron（起居室），其构成是石砌的墙、木造屋顶和柱子，有前庭，门廊、前室和主室前后排列（图 3.28）。逐渐房间增建，城市的中心变得密集起来，megaron 的前庭成为被包围的中庭（图 3.29、3.30），进而中庭被有屋顶和柱子的步廊围合，像有天窗的厅一样。可以说以中庭为中心布置房间的有心平面的城市型住宅诞生了（图3.31）。

希腊是城市国家，因此没有特别建造大规模的住宅。但是下一个罗马时代，公元前 1 世纪左右成为统治地中海全域的大帝国。富裕的罗马人上流阶层的住宅是有心空间。围绕希腊风格中庭的两个有心平面连接成复合有心（平面）空间。近邻入口的空间称阿托里屋木（正厅），里面的称佩里斯托里屋木（中庭），住宅的采光都依靠中庭，与街道噪声隔绝的舒适的低层中庭型住宅（多姆斯）完成（图3.32、3.33）。此外城市的大多数平民住在复合建筑（银秀拉）中，其多数为一层带有商铺的集合住宅（图 3.34~3.36）。

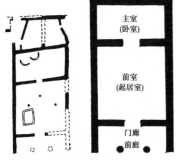

图3.28　左：原始起居室形式的住宅平面。B.C. 2000 年。上部为复合遗迹。右：概念图

图3.29　左：奥林索斯（Olynthos）某住户的住宅平面图。B.C. 5~4世纪。右：布莱恩（Priene）的住宅平面图。B.C. 3世纪左右

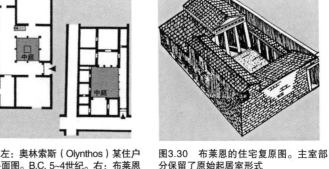

图3.30　布莱恩的住宅复原图。主室部分保留了原始起居室形式

图3.31　完成的有心型希腊住宅。希腊时代末期

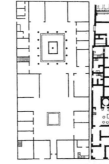

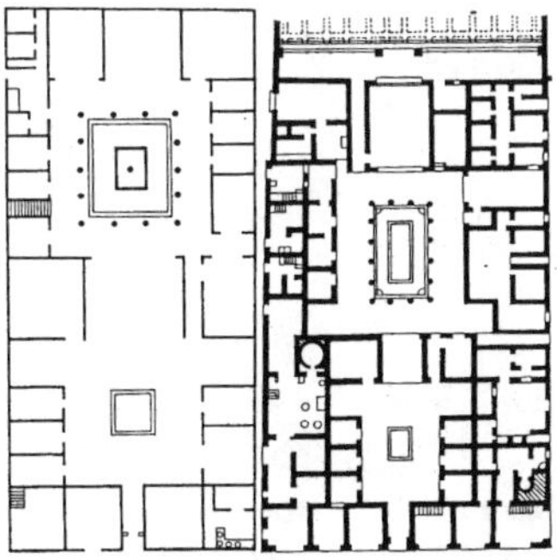

图3.32　罗马的上流住宅的基本型（源于建筑书）。右：潘飒（Pansa）家的平面图，B.C.2世纪

图3.33　威第家（Casa dei Vettii peristyle）柱廊中庭　庞贝城，A.D.62~79年

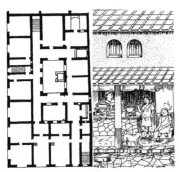

图3.34　左：黛安娜家的平面图。奥斯蒂亚（Ostia），A.D.2世纪。右：面向街道的1层店铺

图3.35　同前　复原模型。1层店铺的典型的银秀拉（Insula集合住宅）。围合通风采光的中庭

图3.36　塔北路那（taverna）店铺。柜台和拱廊的下面可以看到夹层（卧室）的采光窗

3.3.1　封建领主的住宅

中世是封建的土地统治时代，统治者也生活在农村，他们的大本营是要塞。初期（11世纪左右）的城堡只是在基地周围挖壕沟，用土堆高，周围环以木栅栏、野战工事，木造的望楼（天守）而已。后来十字军带来了拜占庭、东方先进的造城术，并得以普及，发展了有完备的吊桥（图3.40）、锯齿墙、射箭口等防备手段的城堡。沃里克（Warwick）城很好地展现了这些变化过程（图3.37~3.39）。日耳曼人12世纪建造的黑丁厄姆城堡（Hedingham Castle）是典型的中世城堡的构成，渡过壕沟上的吊桥，进入外城、内城中央，有窗户很小、墙很厚的4层望楼（图3.41、3.42），一层为了防备没有出入口，只能从外楼梯的二层进入，二层是士兵的守候室，三层是城主、家族、家臣、客人一起用餐的两层挑空的大厅，都是以防卫为主，居住性并不高。下楼也是从二楼下去。而农民还是两室住居（图3.45）。

图3.37　沃里克（Warwick）城复原图。英国，11世纪。由木构塔和栅栏构成

图3.38　同前，复原图。15世纪。形成望楼，被城门和石砌城墙所围绕。

图3.39　同前，复原图。17世纪。进行了大规模扩建，形成更充实的城堡。

图3.40　朗热城堡（Langeais）。法国，15世纪。入口设置了为防御的吊桥。

图3.41　黑丁厄姆城堡（Hedingham Castle）。英国，12世纪。望楼是城主的宅邸、是最后一道要塞

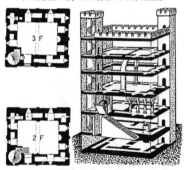

图3.42　左：同前，望楼平面图。厚墙，其中规划了楼梯和房间。右：望楼结构图

图3.43　西庸城堡（Chillon）。瑞士，目前的外观是13世纪完成的。桥一旦被破坏城堡就会与陆地隔绝

图3.44　卡尔卡松城堡（Carcassonne）。法国，主要是13世纪，是中世城塞都市的典型

图3.45　佛兰德（Flandre）农民的住宅。英国，15世纪的画。起居室和厨房2室构成

3.3.2 舒适住居的形成

庄园住宅是由领主任命为庄园监理监督领民的贡品等的骑士建造的住居,也作为领主判决的场所使用。与城堡以防卫为主、居住性差的情况不同,庄园追求较高的居住性。初期为一个厅的零居室建筑,12世纪左右发展成为厅和主人以及家族用房的两间居室(图3.46、3.47)。穿过厅,居室的对面为储藏库、食品库、厨房,由主人们所居住的高贵的上空间和厨房等下空间组成。隔着厅(图3.48)由一条看不见的虚轴线贯穿的这种中世的空间,相对于古代的有心空间称之为有轴空间。14世纪以后,迎来和平的时代,庄园住宅更加重视居住性,15世纪以后平面变化活泼(图3.49)。到了16世纪一方面继续保持庄园住宅的有轴平面,另一方面采用文艺复兴样式左右对称的外观引人注目(图3.50)。同时,中世纪厅的功能消失了,取而代之的是新的接客空间法国风格的沙龙成为中心,中世纪的厅简化为入口的门廊(图3.51)。中世纪城堡的防御,由于15世纪后期火炮的发明失去了威力。另外,塔等中世纪的防御要素被巧妙地用在建筑美学的构成上,美学在没有防备功能的城堡中也诞生了(图3.52)。在室内装修上也倾注了力量,从城堡到宫殿都发生了改观(图3.53),表现近世统治者权威的奢华宫殿也诞生了(图3.54)。

图3.46 布斯比帕格内尔(Boothby Pagnell)。英国,13世纪。是厅和家族用房的雏形

图3.49 富农的住宅。英国,15世纪末。可以看出平面布置受骑士住居的影响

图3.52 城阿泽勒丽多城堡(Azay-le-Rideau)。法国,16世纪。完全没有防备要素的城堡

图3.47 艾易塔姆 茂托(Ightham Mote)。英国,12世纪,14~17世纪增扩建。典型的骑士住居

图3.50 蒙塔丘特宅邸(Montacute House)。英国,16世纪。有轴平面构成了文艺复兴风格

图3.53 香波城堡(Chambord)。法国,16世纪开工。弗朗索瓦(François)I世重建

图3.48 斯托克塞城(Stokesy)。英国,15世纪。厅的下方可以看到家族房一侧

图3.51 子爵城堡(Château de Vaux-le-Vicomte)。法国,17世纪。其平面构成完全左右对称

图3.54 凡尔赛宫(Versailles)。法国,1624~1772年。镜廊 集权下的宫殿建筑

3.4.1　中世纪的城市住居

一般中世纪的街区，为了防御的需要，采用墙壁围合的形式（图3.55）。在城镇开市，农民、经商者云集（图3.56）。后来由于人口的集聚，土地被细分化，细长的基地，邻舍密集，即便是增建，为了采光不得不留下中庭，克吕尼(Cluny)的商铺房就是很好的例子（图3.57、3.58）。此外出于土地的有效利用的目的，在住宅上面增加层数，屋顶坡度很陡，上层作为仓库，因为上边要吊东西，越往上向外挑出越大，成为商铺房的独特形式。汉萨城市吕贝克的商铺房及沿着浪漫街道的商铺房是其典型（图3.59、3.60）。12世纪伦敦大火频发，经营金融的英国犹太商人的家，最早考虑了防火建造了石砌建筑（图3.61）。从解读当时的地图得知，中世纪巴黎的商铺房与今日保留下来的商铺房一样是窄面宽、数层的建筑。（图3.62）还有中世纪的意大利出于防御和健康卫生的理由也形成了山岳城市（图3.63）。

图3.55　纳德林根（Noerdlingen）。德国，14~16世纪。被城墙包围的典型的中世纪城市

图3.58　同前，石砌。面宽7.5m×进深20m细长的地块上建造的典型中世纪商铺房

图3.61　犹太商人之家。1170~1180年，英国。一层是店铺和仓库，二层为厅

图3.56　街面的饮食摊位。1510年的巴黎工笔画，在都市中店铺林立，繁华热闹

图3.59　丁克斯比尔（Dinkelsbühl）的商铺房。德国，16世纪。忠实地传达了当时的建筑风格

图3.62　左：体现中世纪的巴黎地图。1734年绘制。右：玛莱地区的商铺房。14~15世纪

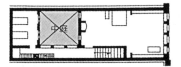

下：1层　上：2层

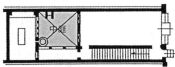

图3.57　克吕尼的商铺房。法国，12世纪。1层为店铺、作坊，2层为起居室、卧室

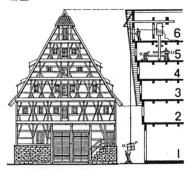

图3.60　同前，立面图，断面图。陡坡屋顶的顶棚可以作为仓库有效利用

图3.63　圣吉米尼亚诺（San Gimignano）。意大利，13~14世纪。椭圆形（800m×500m）丘陵上的城市

3.4.2 近世的上流阶层的住宅

16世纪在奥格斯堡(Augsburg),富格尔家（Fugger）,以低收入者阶层为对象建造了居住设施(富格尔福利院 Fuggerei)（图3.64)。这是住居设施的首创,预示着将来会被充分地普及。

17世纪建造的科尔斯希尔住宅（Coleshill）,18世纪建造的德比（Derby）伯爵官邸等,有着主楼梯和佣人的内楼梯以及半地下室,浓厚地反映出阶级差别和社交的性格,是近世住居构成的典型（图3.65)。

最早纳入近世体制的意大利,文艺复兴时代建造了许多豪商、名门的宫殿（官邸）,一般为柱廊围绕中庭的3层建筑,外观严格的左右对称,周密地考虑了体形美。佛罗伦萨的 Irenze、Edici、Palazzo rucellai、罗马的 Farnese、Massimi 等建筑的完成度很高。在佛罗伦萨由于依附于运河的交通,建筑毗邻的外观和装饰也只集中在运河沿线的正面（图3.66~3.69)。

英国的露台住宅,广场由连续的住宅环绕,构成一个街区单元。兼有独立住宅和集合住宅的优点,后来沿着成为 low house 的街道排布,成为各种档次的城市型住宅的原点。露台住宅一个住户的面宽是3个窗户的宽度,从半地下至顶层为一个住户的单元,从采光井到可以使用的宅前道路的便道下的煤炭库,在剖面上具有特色（图3.70~3.72)。

图3.64 富格尔福利院（Fuggerei）。德国,16世纪。富格尔家（Fugger）建立的低收入者居住设施的初期实例

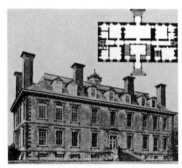

图3.65 科尔斯希尔住宅（Coleshill）。英国,1650年左右,帕克普拉特（Parker Pratt）。近世住宅的典范

图3.66 美狄奇一吕卡尔第府邸（Palazzo Medici）。意大利,1444~1459年,M.米开洛奇

图3.67 同前,中庭。伊斯兰风格中庭式。中庭对内是开放的,对外是封闭的。

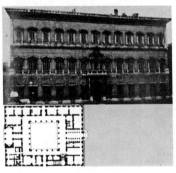

图3.68 帕拉迪奥 法尔尼斯府邸（Palazzo Farnese）。意大利,1530~1546年,gallo 其他

图3.69 帕拉迪奥 多洛金屋（PALAZZO CadOro）。意大利,1421~1440年,G&B. Bon

图3.70 左：贝德福德广场（Bedford Square）。英国,1780年典型的乔治亚风格。右：露台式房屋的构成图

图3.71 露台式房屋的断面图。英国,乔治亚风格的露台式房屋

图3.72 皇家新月楼（Royal Crescent）。英国,1767~1775年,J.伍德的儿子

3.5.1　美国的住宅

在美国发现新大陆后，欧洲人接连不断地殖民、移民，建造了融合各国文化、传统的住宅，在普利茅斯（Plymouth）最初的永住移民建造的家是草屋顶的简陋小屋（图3.73）。从17世纪到18世纪，各地建造的殖民住宅，尽管有德国风格、荷兰风格，殖民者们使用的材料、技法样式都不同，但是都是采用母国的知识，结合各地的气候风土创意而成（图3.74）。架设阁楼的称为Saltboxes的样式，就是其典型的例子（图3.75）。还有乔治亚（Georgian）样式等是在美国各地都可以看到的殖民住宅（图3.76）。美国的住宅，到19世纪展开了各种样式（图3.77~3.80），面向20世纪经过赖特提倡的草原样式（图3.81），走向国际样式，此外创造2×4工法原型的也是美国住宅的特征。

3.5.2　近代住宅的形成

近代，经过产业革命化市

图3.73　初期移民的一居室住居。马萨诸塞州，1622年。英国式小屋[1]

图3.74　特伦宅邸。新泽西州，1670年，荷兰风格的殖民样式

图3.75　highland wilclman宅邸。康涅狄格州，1670年，saltboxes

图3.76　芒特普林森特(Mount Pleasant)。宾夕法尼亚，1767年。乔治亚风格

图3.77　盖尔德纳宅邸。马萨诸塞州，1805年。麦金太尔。联邦

图3.78　迪·克劳森宅邸。印第安那州，1855年，卡彭特·哥特

图3.79　西雅图（Eastlake）。加利福尼亚州，1884年，Gainer。维多利亚[2]

图3.80　贝尔宅邸。罗得岛州，1883年，MM&白领，单身风格

图3.81　弗雷德里克宅邸（Frederick C. Robie House）。伊利诺伊州，1909年，弗兰克·劳埃德·赖特（Frank Lloyd Wright）。草原风格

民革命，社会的结构、价值观发生了深刻的变化，住宅也有了很大的改观。在产业革命以后急剧膨胀、恶化的城市环境中，卫星城市、社会主义思想背景下的工人住宅的建设也应运而生（图3.82~3.83）。

W·莫里斯的自宅"红房子"在重新把住宅作为住居这点上是划时代的作品。在这里中产阶级的住宅构成上所看到虚荣的具有一定规模的接客空间消失了。后来住宅固有的问题作为建筑设计的一环进行摸索，形成今日住宅的基础（图3.84）。

19世纪末的格拉斯哥派、新艺术、分离派等摸索新的建筑样式的运动，作为建筑实践的一环，纳入住宅设计（图3.85~3.87）。

20世纪初，否定建筑表现等一切装饰要素的斯坦纳官邸，彻底追求居住性的富兰克林街的公寓，以及运用工匠职业的阿姆斯特丹派的表现温柔人性的作品（图3.88~3.90）相继出现。20世纪10年代欧洲各地萌生了多样的建筑理念，经过20年代的实践形成近代建筑。由此确立了产业革命带来的工业化时代的建筑样式，而住宅是完好的实践场所。近代建筑的基本理念是如何在艺术上表现功能和空间，采用了象征机械时代的几何学的形态。

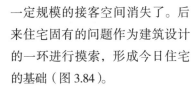

图3.82 莱奇沃斯（Letchworth）田园城市。1906年，杰拉德·巴特勒，雷蒙德·昂翁（Raymond Unwin）

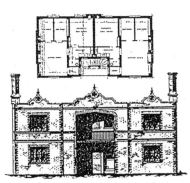

图3.83 阿尔伯特（Francis Albert）公房样板住宅。伦敦，1851年。2层楼可供4户家庭使用

图3.84 红房子（Moriss House）。贝克斯利希思（Bexleyheath），1860年，韦伯（Potter Webb）

图3.85 菲尔豪斯（Hill House）。格拉斯哥（Glasgow School），1903年，查尔斯-瑞尼-麦金托什（Charles Rennie Mackintosh）。格拉斯哥学派

图3.86 米拉之家（Casa Milà）。巴塞罗那，1910年，安东尼 高迪（Antoni Gaudí）。新艺术（Art Nouveau）

图3.87 贝伦斯宅邸。达姆施塔特（Darmstadt），1901年，彼得·贝伦斯（Peter Behrens）。分离派

图3.88 斯坦纳住宅(Steiner House)。维也纳，1910年，阿道夫 洛斯（Adolf Loos）。否定一切装饰

图3.89 富兰克林路公寓。巴黎，1903年，奥古斯特·佩雷（Auguste Perret）。合理的设计

图3.90 Eigen Hard的集合住宅。阿姆斯特丹，1919年，麦克·德·克拉克（Michel de Klerk）

3.5.3 近代住宅的展开

以欧洲为战场的第1次世界大战，带来严重的住宅短缺。在这种情况下建筑师们纷纷献计献策。

不仅是建筑理念的实践，作为切实的问题小住宅成为主要的建筑主题，推进近代建筑的组织CIAM也把生活最小限住宅纳入讨论主题。"生活最小限住宅"是在确定标准化大量生产的前提下，以提供廉价的住宅为目标。

后来近代建筑师在住宅设计上提出家务劳动能效化等明确的指针（图3.95）。

包豪斯、鹿特丹学派、纯粹派等，以近代主义为目标的各团体联手致力小住宅和集合住宅的设计。勒·柯布西耶，从巴黎不良住宅区的改造设计入手，为了让城市更有秩序，提出住宅高层化，以让出更多空地和绿地的方案。柯布西耶提示的住宅的"4

个型"都在住宅中得以体现（图3.91~3.93）。

基于鹿特丹学派的几何学理念的造型，不能不提到法兰克福的 Ernst May（1886~1970年）城市规划下的集合住宅的实践，以及追求美国独特的有机建筑的F·L·赖特的作品（图3.97）。

德国制造联盟的住宅展邀请了欧洲各地的近代主义者，摸索了新的集合住宅（图3.98、3.99）。

图3.91 近邻规划。1925年，勒·柯布西耶（Le Corbusier）。提出都市居住环境的理念[3]

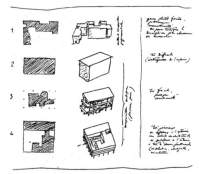

图3.92 现代建筑的4个型。1929年，勒·柯布西耶。近代建筑的设计方法的型[4]

图3.93 萨伏伊别墅（Villa Savoye）。普瓦西（Poissy），1931年，勒·柯布西耶。第4个型的实例[5]

图3.94 Rietveld Schröder House。乌特勒支（Utrecht）。1924年，吉瑞特·托马斯·里特维德（Gerrit Thomas Rietveld）。鹿特丹学派

图3.95 生活最小限住宅。1923年，E.迈耶。应对战后复兴建议的合理化小住宅

图3.96 图根德哈特别墅（Tugendhat Villa）。布尔诺（Brno），1927年，密斯·凡德罗（mies van der rohe）。包豪斯的理念

图3.97 Edgar J Kaufmann House。宾夕法尼亚州，1936年，弗兰克·劳埃德·赖特（Frank Lloyd Wright）。提倡有机建筑

图3.98 中层集合住宅。柏林，1930年，Walter Adolph Georg Gropius。包豪斯的造型理念[7]

图3.99 魏森霍夫（Weissenhof）集合住宅展。斯图加特，1927年，密斯·凡德罗等[6]

3.5.4 城市的再开发

近代建筑,在第二次世界大战后的美国迎来了全盛期。躲避战乱来到美国的欧洲人,把在欧洲描绘的蓝图,以美国的工业实力为背景展开。密斯·凡·德·罗(mies van der rohe)的通用空间理念下的住宅、高层集合住宅等是其代表(图3.100、3.101)。这些高层集合住宅,在城市中追求近代居住生活的舒适。柯布西耶的马赛公寓是实现了他理想的城市居住空间的作品(图3.102)。

但是进入70年代,近代建筑迎来转折期,批判无视人性的近代主义设计的呼声越来越高,住宅的构思也走向多样化。70年代后半期兴起的后现代建筑,其动向是要求向近代主义构筑的价值观转换(图3.103~3.105)。

另一方面,商品房、预制房等,尽管绝对量的建造值得盛赞,并没有浮出历史的表面,但是不可忽视其创意反映了时代的建筑理念。

时代、样式、民族、文化、比喻、解构等各种价值观并存的同时,不断地摸索,带来了产业结构的巨大变化。今天,包括居住环境,城市的再开发等课题成为热点(图3.106~3.108)。20世纪人类的生活方式大大地改变了建筑。21世纪的今天建筑与自然的共生成为最重要的课题。

图3.100 范斯沃丝住宅(Famsworth house)。伊利诺伊州,1950年,密斯.凡德罗。通用空间

图3.101 荷姆伍德公寓(Lakeshore Drive Apartments)。芝加哥,1951年,密斯.凡德罗[6]

图3.102 马赛公寓(Unité d'Habitation)。马赛,1952年,勒·柯布西耶

图3.103 母亲之家。费城,1964年,罗伯特·文丘里(Robert Venturi)。象征性作品

图3.104 住宅Ⅲ。康涅狄格州,1971年。P.艾森曼。来自难解理念的作品

图3.105 Abraxas。巴黎郊外,1982年,里卡多·波菲尔(Ricardo Bofill.)。宫殿风格的低收入者集合住宅

图3.106 拉德芳斯(Défense)地区。巴黎郊外,1958年~。为商业和居住的副都心规划

图3.107 巴比坎(Barbican Centre)地区的改造。伦敦,1957~1974年。包括住宅的大规模改造

图3.108 多克兰斯(Docklands)的改造。伦敦,1987年~。滨河仓库地区的改造

图表出处

1) Henry J. Kauffman : The American Farmhouse, Hawthorn Books, Inc. Publishers, New York, 1975

2) Randolph Delehanty, Richard Sexton （photo.） : In The Victorian Style, Chronicle Books, San Francisco, 1991

3) David Watkin : A History Of Western Architecture, Barrie & Jenkins, 1986

4) W. Boesiger, O. Stonorov : Le Corbusier et Pierre Jeanneret, Oeovre Compléte 1910-1929, Verlag, 1964

5) Michael Foster (ed.) : The Principles Of Architecture Style, Structure And Design, Phaidon Press Limited, U. K. , 1982

6) David Spaeth : Mies van der Rohe, Pizzoli International Publications, Inc., New York, 1985

7) William. J. R. Curtis : Modern Architecture Since 1900, Phaidon, Oxford, 1982

参考文献

後藤久：西洋住居史　石の文化と木の文化，彰国社，2005

第4章

住居与家族生活

　　住居是人类生存和生活的基地，是接受家族、家庭生活的"容器"。我们在住居中，用餐、就寝、哺育后代、家族团圆、工作……等展开各种各样的生活行为。因此作为容器的住居如果出了问题，这些行为就会受到制约。另外，必须认识到住居对生理的、精神的发育有很大的影响，特别是住居对孩子、高龄者等生活弱者的影响更大。

　　近年来，营生家庭生活的主体家族开始瓦解。不拘泥传统的家庭观，可以说描绘什么样的家族图景、生活图景，其选择范围不断扩大；居住方式也多样化了，要求转换过去的居住模式。本章基于这一现状，思考住居与家族的相关课题。

　　第1节是展示家族的生活舞台、生命周期与住居的对应关系，生命周期的后期——高龄期的长期化使得这一时期的居住方式更显得重要；第2节是关于家族、生活方式的多样化现象和多样化的平面设计；第3节是关于女性走向社会，男女角色的变化，要求住宅、居住地满足哪些新的功能；第4节是重点说明今后家务空间的存在方式；第5节是论述保障孩子健全发育的住居环境；第6节是思考高龄化的家庭和孩子们的家庭如何分开居住。

4.1 家族变化和居住需求

4.1.1 生命周期与住居

住居是家庭生活的容器。因此经营家庭生活的主体——家族变化了，住居也会随之发生变化。家族的生命周期一般模式为结婚→生孩子→孩子成长→独立→高龄夫妇→高龄单身。而且家族的生活舞台不同，居住生活的要求也在变化；根据各种情况住宅的户型、居住地的环境也有差异。

应该对各生活舞台的家族居住要求进行梳理，作出正确的住宅选择；也包括经济状态、孩子教育、通勤等条件。应该认识到住居对家庭生活有很大影响，要在掌握许多相关知识、信息的基础上进行选择。近年来，在生命周期多样化的同时，如何满足脱离了常规生命周期的家族的居住要求成为课题。

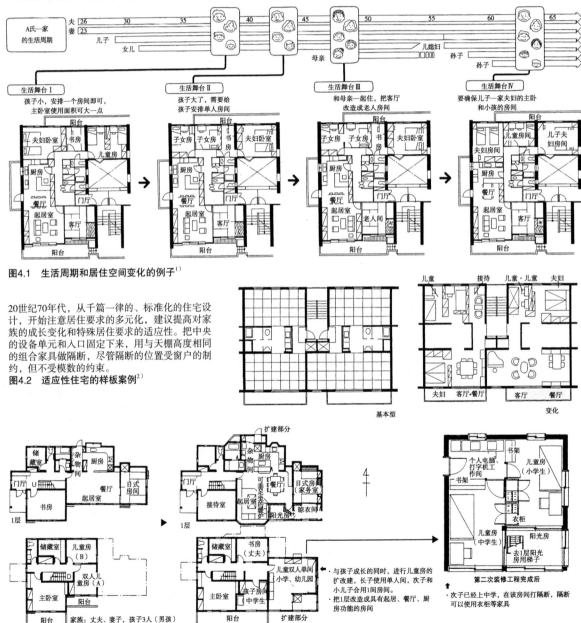

图4.1 生活周期和居住空间变化的例子[1]

20世纪70年代，从千篇一律的、标准化的住宅设计，开始注意居住要求的多元化，建议提高对家族的成长变化和特殊居住要求的适应性。把中央的设备单元和入口固定下来，用与天棚高度相同的组合家具做隔断，尽管隔断的位置受窗户的制约，但不受模数的约束。

图4.2 适应性住宅的样板案例[2]

图4.3 与家族共同成长的住宅[3]

4.1.2 居住需求的变化和住居

住居要适应家族、其他生活条件的变化，首先考虑巧妙变化家具的位置等居住方式。如果这些居住方式不能应对，就有必要对住居进行改造。如果是定居型独立住宅，增改建、翻建是有可能的。这时，就需要在最初的设计阶段，应对未来的家族变化、居住要求的变化有某种程度的预测是十分必要的。

随着集合住宅定居意识的提高，以往划一的标准化住宅设计已经不能满足多样化的居住者的要求，因此要求对家族、生命周期的变化有弹性的应变功能。在铃木成文提出"顺应型住宅"的建议后，针对家族的变化、客户个性化要求提高集合住宅可变性设计引起人们的关注。

通过换房解决问题，应留意陌生的居住环境，会给孩子和高龄者带来心理负担。在可以继承由来已久的人际关系、看惯了的景色，有亲切感的生活圈域内进行换房是最理想的。

4.1.3 高龄期的住宅选择

高龄者的私房率占84% 高位，但是由于长寿化的进展，过去那种把独立住宅的私有房作为目标的换房模式，不一定可以持续安心居住。为在住惯了的住房中终老，就需要顺应身体的衰老现象进行无障碍改造工程，也可以选择搬到将来可以安心养老的带有服务设备的住宅中去。近年来虽然出现了不少接近住宅性质的养老设施，以及各种高龄者住宅问世，形式也多样化了，但是毕竟数量有限，给高龄期的住宅选择带来忧患。

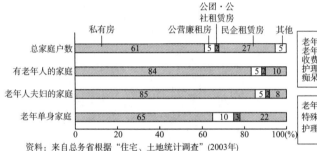

资料：来自总务省根据"住宅、土地统计调查"（2003年）

图4.4　65岁以上老年人家庭居住的住宅所有形态

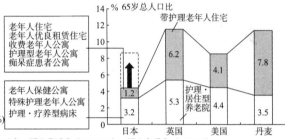

资料：日本：厚生劳动省（2005.10），国土交通省（2006.3）
英国：2001人口调查；DH.DETR 2001
美国：2000人口调查；普通住宅与健康委员会向国会提交的报告
丹麦：松冈：丹麦的老年人住宅的新趋势，2003

图4.5　按照老年人居住的场所，进行人数与65岁以上人口比例统计[4]

老年人无障碍住宅改造的政府支援制度（2008年至今）[5]　表4.1

	支援制度		使用对象	支援内容
资金支援（补助）	护理保险的住宅改造费支援制度		接受要支援、要护理认定的人。	支付安装扶手、无障碍住宅改造工程费，上限20万日元（本人负担1成）。
	各地方政府支付的住宅改造费补助制度		各地方政府对支援对象的标准是不同的，需要向居住地区市、区、町、村窗口询问。也有未接受要支援、要护理认定的人利用的制度。	（案例1）横滨市以需护理认定者为对象，补助了上限100万日元的改造维费用。（案例2）东京都千代田区规定安装家庭电梯标准70万元，安装楼梯升降机补助100万元。
税制优惠	消除地面商差等的住宅改造促进税制	所得税的扣除	50岁以上或通过要支援、要护理认定的人，与60岁以上父母同住的人。	住宅按揭余款（上限1,000万）中，对无障碍住宅改造工程的相应金额（上限200万），可以从所得税中扣除2%，其他的扣除1%，执行期5年。
		固定资产税的减免	65岁以上或通过要支援、要护理认定的人，2007年1月1日以前就居住的自己的住宅，进行无障碍改造工程，工程费在30万日元以上的。	改造工程完成后第二年的固定资产税可减1/3。（上限100 m²，2010年3月前必须完成改造工程）。
融资支援	老年人还款特例制度（住宅金融支援机构）		60岁以上的人。	以自有住宅作担保，可以得到上限1000万元融资，每月只还利息，本金死亡时结算。
	债务保证（老年人居住支援机构）		利用住宅金融支援机构向老年人还款特例制度的人。	老年人居住支援机构对贷款承担连带责任（需要支付1.5%的保证金和相应手续费）。

图4.7　博奇博奇长屋外观

图4.8　起居室白天的某一时刻
（博奇博奇长屋位于爱知县爱知郡长久手町，2003年1月正式开业，13名要护理老年人和需要抚养子女的4人家庭1户，3个独身职场女性同住在一个屋檐下，是多代共用住宅。在同一住宅地内有木结构的日间照料中心和多用途房间，在院子里可以种菜。这些空间命名为温暖小巷，成为孩子和当地居民交流的场所）

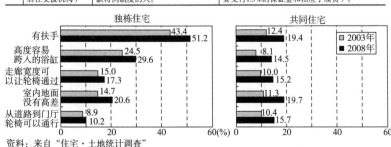

资料：来自"住宅·土地统计调查"

图4.6　有老年人设备的住宅的比例（2000年设立护理保险制定以后，改造案例数有了增加）

53

4.2 家族多样化现象

4.2.1 家族形态的变化

从 1920 年到 1955 年之间的户均人数约 5 人，比较稳定，1960 年以后有显著的缩小倾向，70 年代减少到 3 人，2005 年家庭规模缩小至 2.58 人。户均人数的减少是欧美国家的共性问题。由于初婚年龄的上升，晚婚化、非婚化、离婚率的上升等婚姻观的变化成为少子化的要因。合计特殊出生率，经过 1989 年的"1.57 的重大打击"后，2005 年又跌落至 1.26 的低迷状态。

从家庭类型的推移得知，70 年代前"夫妇和孩子"的家庭占40%，70 年代后扭转而下，"丁克家族"和"单身贵族"的比率激增，而且母子家庭有增加的趋势，家族类型的多样化在进展。

4.2.2 生活方式的多样化

今天，传统的婚姻观、家族观正在削弱作为规范的约束力。多持有以下观点："运营家庭生活与否，对个人是个选择，即便选择了，在人生的哪个阶段体验由个人选择"（目黑依子《个人化家族》，劲草书房，1987 年）。孩子成年后结婚，组成家庭，女性辞退工作，专

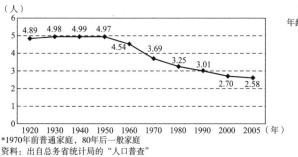

图4.9 普通·一般家庭平均人员的变化
*1970年前普通家庭，80年后一般家庭
资料：出自总务省统计局的"人口普查"

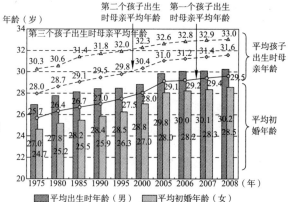

图4.10 平均初婚年龄和母亲的平均出生时年龄的变化
资料：出自厚生劳动省"人口动态统计"

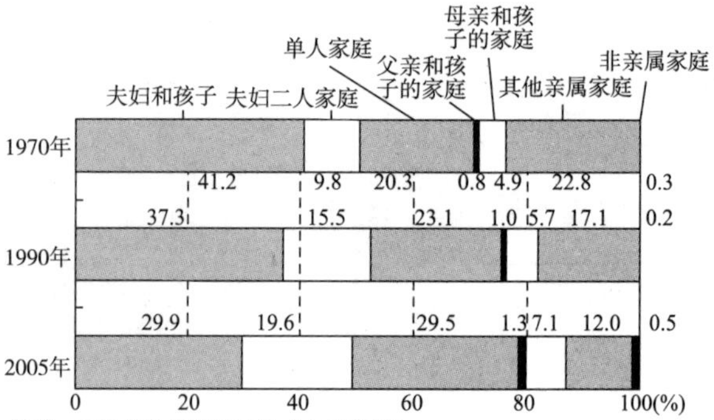

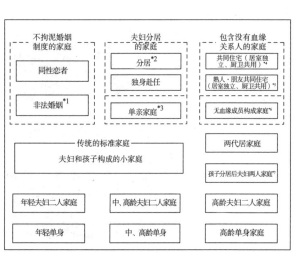

* 1作为夫妇进行共同生活，但没进行结婚登记
* 2夫妇为各自的目的，分开居住，经常见面。
* 3包括父子、母子家庭的单亲家庭，没有以往缺陷家庭的负面影响的称呼
* 4疑似家族构成的集合体
* 5单身家庭的复合体
* 6再婚夫妇与各自的孩子构成的家庭
* 7子女成年后的夫妇家庭

图4.12 家族的多元化

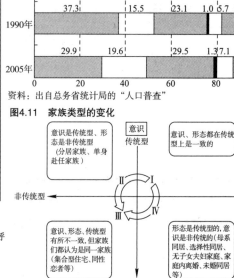

图4.11 家族类型的变化
资料：出自总务省统计局的"人口普查"

图4.13 家族变化的方向[6]

心家务和育儿，夫妇的缘分天长日久，已经不再是唯一的选择，人生的选择途径变得多样化。

今后，以 dinks、dewks 为代表的，各年龄层的单身住户会进一步增加。不拘泥共栖、血缘、婚姻制度的新家族形态也会出现。这种家族的变化，孕育了多样的生活方式，以标准的核心家族的 4 口之家、专职主妇为前提的，过去划一的居住空间值得反思。

4.2.3 多样化的平面

战后象征住宅平面的"nLDK"型不能适应多样化家族和生活方式。今后住宅如何应对居住者的期望，家族、生活方式的变化是重要的条件。住都公团（现为城市再生机构）的"菜单式"是采纳了居住者对平面、住户内的色彩搭配、设备类型的选择等想法。"mext 21（未来 21 世纪）"作为启发下一代的居住生活方式的尝试值得关注。

4.2.4 交流意识的改观

生活方式的多样化改变了近邻交流的意识。在大城市，对应近邻交往的封闭的生活方式阶层的是像酒店那样带有服务的集合住宅。这种住居虽然满足了个别居住者的要求，但是在居住地社区形成上存在问题。在近邻关系上，应具备在紧急情况下邻里之间相互帮扶，提高集住意识的现代功能。如何维系居住者之间的纽带，是今后住居设计的课题。

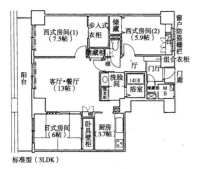

标准型（3LDK）

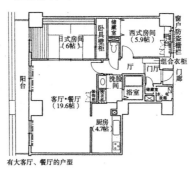

有大客厅、餐厅的户型

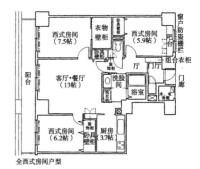

全西式房间户型

图4.14　某小区户型菜单[7]

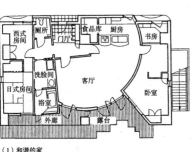

（1）和谐的家

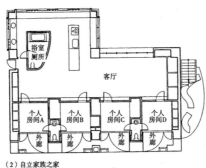

（2）自立家族之家

图4.15　实验集合住宅"未来21世纪"的住户[8]

（1）家庭：丈夫、妻子、长女（2岁）他们的共同兴趣是合唱，夫妻在家无所顾虑地练习唱歌。作为合唱练习场所的客厅隔音性较好，厨房、浴室内也安装了喇叭。

（2）家庭：丈夫、妻子、长女（16岁）、长男（14岁），（共用走廊）4个单人房间并排，各有门厅，从外面进来经过个人房间，到达客厅，空间的排列形成社会——个人——家族。个人房间与客厅的隔断是电动上翻式可闭合的。

带服务的集合住宅（CITY NEUVE 北千住30的服务项目表）[10]　表4.2

服务种类		服务的具体内容
生活服务	购物 租赁 洗衣 行李·邮寄 传达·收纳·住宿·车·照相	食品配送、日用品的总服务台销售 租赁用品、汽车、自行车 24小时服务、投币洗衣 暂存、代理发送 来访者、电话接听记录、叫早、衣物暂存 日式房间出租、叫出租车、修理、机动车年检 照片冲洗
房屋服务	装修·房屋维修、 搬家·调动工作	设备介绍、相关企业介绍 空房代管、租赁房屋介绍、企业的优惠介绍
信息服务	介绍 信息	各类专家、设施、保险 有线电视、电视广告板
健康服务	体育 休闲	体育锻炼 桑拿浴、淋浴、按摩介绍
文化服务	鉴赏·演奏 趣味学习 传统节日活动	音响设备、剧场、放映室、买票 出租包房、复印、传真、兴趣制作 手工艺品市场、带厨房的多功能房间
娱乐服务	旅行 聚餐	旅行介绍、旅行策划、购票业务 配送餐饮、会场介绍

图4.16　对邻居态度的分类[9]

开放性

居住方式的轴

自律型　　开放型

消极性　　独立型　　与邻居交往的轴　　积极性

封闭型　　社交型

封闭性

4.3 男女共生社会的住居

4.3.1 女性的生存方式的变化

通过参加社会活动，寻求生存价值的女性越来越多。其背景是长寿化、少子化带来的育儿后余生的长期化。有由于家务劳动省力化带来的余暇时间的增加，也有高学历带来的女性就业观的变化等。1997年双职工家庭数超过了只有男性一方工作的户数，这个差距在2000年后逐渐拉大。

4.3.2 男女分工的变化和住居

对长久以来奉行的"男主外，女主内"的传统性别分工观念的意识调查，在1979年调查的中赞成的占70%，但是2004年反对的超过了赞成的，2007年反对的超过半数，但是仍然承认男女的意识差异，今后夫妻是共同经营家庭生活的伴侣的观点将固定下来，住居的空间设计也应是反映这些意识形态。

育儿告一段落，夫妻生活时间带的差异加大后，双方都会出现除卧室外，希望有可以度过其他个别时间的空间的要求，过去那种夫妇同一卧室的住宅设计也不再是一般常规做法，夫妻分寝化在进展。至少要确保丈夫专用、妻子专用的场所。

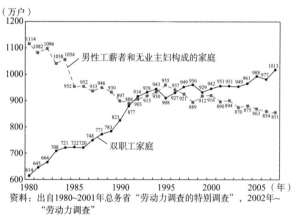

资料：出自1980~2001年总务省"劳动力调查的特别调查"，2002年~"劳动力调查"

图4.17　双职工家庭的变化

图4.19　丈夫和妻子的居所[11]
（与厨房连续的多功能桌子）

图4.20　丈夫·妻子分寝的案例[12]
（建立各家庭成员间私密空间的同时，创造家庭成员碰面机会的设计）

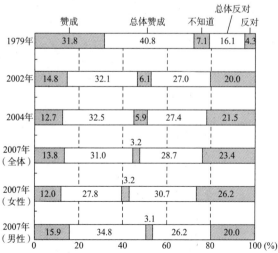

资料：出自内阁府"关于男女共同参加社会的舆论调查"

图4.18　关于性别分工意识（男主外、女主内）

家庭自动化对家庭生活的影响	表4.3
利	弊
·家务劳动及其他工作的合理化、省力化 ·根据过去保存的数据，加强家庭管理 ·信息量的增大 ·信息搜集的高效化 ·空闲时间、学习、就业机会的增加 ·家中无人时的安全保证、方便性 ·社区交流的活跃	·机器安装需要必要的空间 ·购买机器、使用费、维护保养会增加经济负担 ·增加能源消费 ·家族之间交流的减少 ·老年人和孩子难以理解的复杂操作 ·由于生活机械化，丧失人的感觉 ·生活知识和生活技能的丧失 ·发生问题时产生混乱

4.3.3 住居和信息化

无数的信息设备被带入住居中，与外部的电脑联网不断优化，应该认识到这种家庭自动化 (HA) 在追求家庭生活便捷的同时，也会带来负面影响。此外，工作方式也多样化了，最近在自家、或者卫星式办公室办公的，以及分散、个体化的就职形态（SOHO）不断增多。扩大了育儿、护理中的女性、高龄者、残障人士的就业机会的社会现象引人注目。

4.3.4 新的共生

近年来，居住地要求家务支援服务的呼声不断高涨，以北欧为中心展开的共同住宅，是家务劳动在社区中协作化的一种尝试。是有专用住户和共同食堂、厨房等共用空间、设备的住居。在那里实现了"以个体的自由和自立为前提，基于共生理念的生存方式和居住方式"（小谷部育子《共同住宅的建议》）。共同化的程度是基于居住者全体人员的选择，它可以节约时间、空间，是个人、单一家族难以得到的，可以建立丰富的人际关系。在日本也在摸索这种居住形态，作为多样化的家族以及高龄期新的居住方式。

在日本共生型住居建设中有协议共建型的住宅。完工前居住者自发的交往日积月累，成为入居后坚实的社区基础，并与育儿的安全感，老后的生存价值息息相关。

在现代家庭之间相互援助功能不断弱化的现状中，这种没有血缘关系的人们集中居住不失为是居住方式的一种选择。

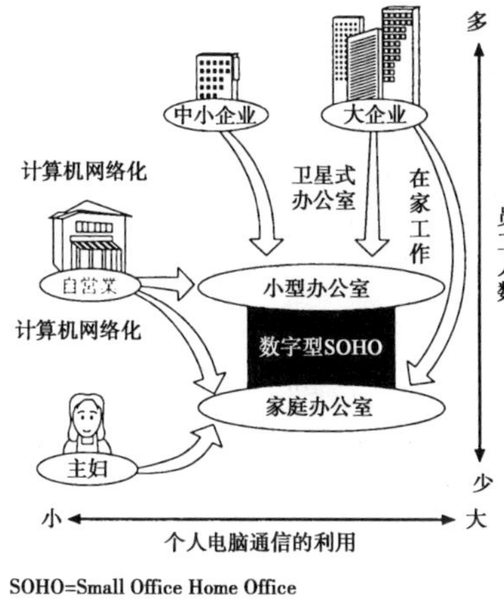

SOHO=Small Office Home Office

图4.21　SOHO化概念图[13]

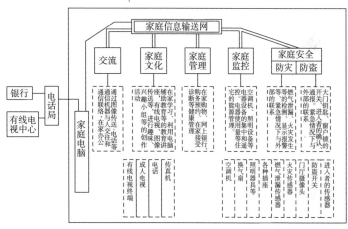

图4.22　住宅自动化的功能[14]

1入口门厅
2厨房
3餐厅
4多功能室
5织物、熨烫间
6洗衣、烘干间
7木工室

图4.23　共同住宅的共用空间[15]（瑞典·费尔得库奈潘）

图4.24　共同住宅（多代居住者在露台饮茶场面，摄影：小谷部育子）[15]

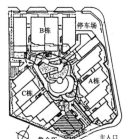

①提高归属感的住宅楼轮廓和入口——从外面回来时，松了一口气，提高这种心情的街景的设计。
②人的空间进行分节处理——3、4、5层三层构成，住宅楼再通过竖缝型的楼梯间划分节，6-10户形成居住组团。
③领域的阶段构成——共用庭有人们自然碰面的对面型公共领域，在楼梯间形成私密领域。
④停车场——停车场设置在B楼的架空底层空间，中庭是无车区，孩子们可以悠然自得玩乐的回游空间，是消除车的存在感的图案设计。
⑤可以与土、绿地、水的生命接触的共同空间——共用庭，其中央有水池，周围的广场是原生态的土地，而且一年中总会有开花的绿色环境，孩子和大人之间把其作为舞台上演着生活剧。
⑥可以享受集中居住的乐趣共用空间——共用庭，在享受四季绽放的花草树木的同时，是日常孩子们游戏的场所，也是非日常举行节事的场所。集会所是讲座活动、演奏会、学童保育等多样的集合场所，协同居住的快乐不断延展。
⑦向地域开放的共用空间——有地域生活者可以穿过共同庭的动线。集会所为了让地域居民自由使用也有朝向前面道路的主要出入口。为提高周围环境的"亲切度"，在基地边界周围进行了部分种植绿化。
⑧近邻地域有公共设施——由于南侧有公园开放，因此缓和了3300m² 、48户家庭叠加居住的高密度（容积率155%）。
⑨连续阳台——作为私的领域连续性的装置是无界限阳台，方便孩子们的游玩、不在家时邻居可以帮忙收取、分送洗涤物。
⑩住户周围的私人生活的接触——楼梯间、阳台的表达，绿化行为等所有生活的自我表现都无形中向他人传达了信息。

图4.25　形成"愉快共同性"的协作建房的空间装置[16]

4.4　家务劳动和居住空间

4.4.1　家务空间的变化

随着女性的社会地位的提高、设备、机器类的进步等，以厨房为中心的家务空间，发生了作业场所向生活场所、隐蔽的场所向开放的场所转变的巨大变化，而且家务的承担者由主妇1人变为家庭全体成员。

4.4.2　培育家族的家务空间

在家族倾向于个性化的现今，创造让家人容易碰面的空间设计，在生活方式中有意识地创造家族频繁接触的机会显得尤为重要。应该认识到除起居室和餐厅外，家务空间也是重要的家族交流的场所。特别是参加家务劳动对儿童健康地成长是不可缺少的生活体验。通过参加家务劳动加深亲子的接触，让家人意识到自己是家庭成员之一，成为培养许多生活规律和习惯，掌握自立的生活技术的良好机会。

家务劳动的社会化　表4.4
1. 通过企业商品化、服务化 （商品）方便食品、高温杀菌真空商品、半加工食品、加工食品、在外用餐、成衣等，微波炉、洗碗干燥机、洗衣机、吸尘器等家务省力化的电器产品。 （服务）食品材料的配送、送餐上门、房屋打扫、干洗店、投币洗衣、临时托儿所、各种咨询业务。
2. 自主的、互助的共同化 统一采购、统一保育、劳力银行、通过义工的福祉服务等。
3. 通过公共机关的公共化 保育、教育、护理、养护、免费送餐、保健、垃圾处理等。

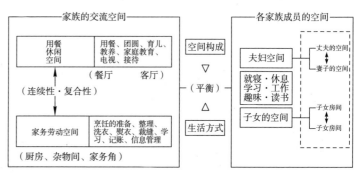

图4.26　今后的居住空间构成

双职工家庭的居住要求　表4.5	
1. 家务的合理化·省力化	· 动线规划要集中布置同时进行性高的家务 · 引进家务合理化的机器 · 可不顾及时间带从事家务
2. 全体家庭成员参与家务	· 可供数人操作的宽敞的厨房、操作台 · 有使用方便、整理方便的储藏计划 · 有谁都可简单、安全使用的设备机器
3. 促进家庭成员间的交流	· 可边做家务边照看小孩 · 可边洗衣边看小孩
4. 白天不在家时的应对	· 可干燥洗衣物，不顾及是否下雨 · 注意通风·换气 · 防盗、防灾对策
5. 夫妻个人空间的创建	· 着手的工作可以摊开来做 · 可以有自己的时间 · 夫妇的生活时间段错开也无妨

L（客厅）·D（餐厅）·K（厨房）三个空间的独立和结合[17]　表4.6

	要求	独立	结合
K与D之间	1. 配餐、后清理方便	×	○
	2. 与D的家庭成员的联系	×	○
	3. 确保D的气氛	○	×
	4. 幼童的安全性	○	×
D与L之间	1. 用餐与团圆的关系	×	○
	2. 空间的扩展	×	○
	3. 确保L的气氛	○	×
	4. 家庭成员的用餐和来客的交叉	○	×
L与K之间	1. 与在L的家庭成员的关系	×	○
	2. 与来客的关系（边烹饪边接客）	×	○
	3. 确保L的气氛 　·与烹饪操作间的分离 　·烹饪的气味与烟雾的分离	○ ○	× ×
	4. 幼童的安全性	○	×

○：好　×：不好

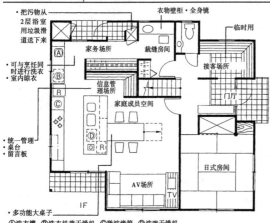

图4.27　反映双职工家庭居住要求的家务空间[18]

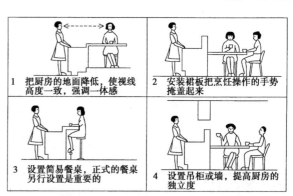

1 把厨房的地面降低，使视线高度一致，强调一体感	2 安装裙板把烹饪操作的手势掩盖起来
3 设置简易餐桌，正式的餐桌另行设置是重要的	4 设置吊柜或墙，提高厨房的独立度

图4.28　对面型厨房的各种形态[19]
（对面型厨房使家庭成员间容易进行交流和配合，受到年轻人的欢迎）

4.4.3 未来的家务空间

家务的社会化（外部化）大大地减轻了家务劳动，但是女性的负担仍然很大。家族生活的个性化，在家的时间缩短，要求家务劳动高效化，和家族一起度过的时间和享受自己的时间变得更加重要。双职工家庭这种愿望尤其强烈，因此家务由家人共同承担，边做家务边交流的生活方式、空间形态是有效的。同时需要料理、整理和其他家务劳动，以及要求家务空间与起居室、餐厅的连续性、复合性。家务合理化电器的引入不断升级。但如果不考虑使用频率和放置的场所，购入后就会带来作业能率低下，增加了废品的储藏，特别是具有丰富饮食生活的日本厨房，由于炊具和餐具太多，必须有计划地、理性地选择。

4.4.4 L·D·K 的联结

厨房和餐厅、起居室的联系有各种各样的方式。近年开放的对面型厨房较有人气，什么样的类型适合，取决于家族生活舞台和生活方式。重要的是把握好家族的饮食生活内容，团圆形态，家务的程序、家族参加家务的程度、访客的接待方式等，在认识多样类型特征的基础上进行选择。

图4.30　有圆形柜台的开放式厨房（年轻夫妇）[20]

图4.31、4.32　有兼作操作台的大柜台的对面型厨房（育儿期，摄影：渊崎昭治）[21]

图4.33　另有清静用餐空间的厨房（育儿后期）[22]

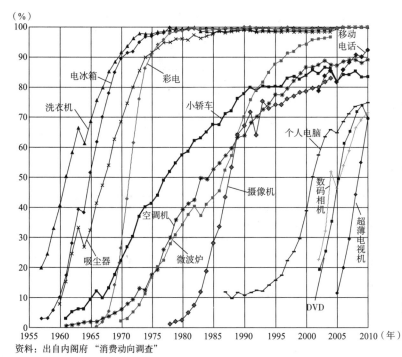

资料：出自内阁府"消费动向调查"

图4.29　主要耐久消费品的家庭普及率的推移

图4.34　可坐椅操作、适合身体状态的厨房（高龄期）[21]

4.5 孩子和住居

4.5.1 孩子的权利

居住环境对孩子生理上、精神上的成长有着很大影响。因为孩子不能以自己的意志选择居住环境。因此，站在孩子的立场上为他们提供保障健全发育的居住环境是父母、大人的责任。

4.5.2 孩子发育和空间

孩子有自己的场所，有利于培养自主性，确立自我意识。孩子在青春期，应有一个人可以独处的空间。但是发育有着个体差别，提供单间的时期应掌握好。

4.5.3 孩子房间的设计条件

第一，根据孩子的发育，分阶段地提高独立性。第二，关于空间的使用方法、管理方式应伴随着家庭教育；并不是给孩子提供了空间，孩子就可以自立了，父母如何介入是关键。第三，要严格把

图4.35 墙上有绘画的美国儿童房[23]

图4.36 可作游具的loft床[23]

图4.37 培养儿童好奇心的踏台

图4.38 了解儿童活动的客厅内游玩空间

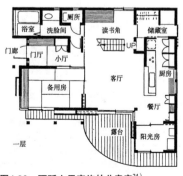

图4.39 不孤立于家族的儿童房[24]

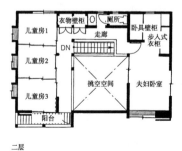

控带入房间的东西，如果不加限制地放任孩子的欲望，营造舒适的空间，结果会造成自闭空间。第四，孩子的房间不能是完全孤立的空间，设计孩子的房间应与家族室有机地联系，与家人自然地碰面。家长思路决定了孩子的房间形态。

4.5.4 高层居住和孩子

20 世纪 90 年代后，以方便性优越的大城市为中心，超高层高档住宅的开发势如破竹，选择高层居住的最大理由是眺望好，有标志性。但是也给扎根于地域生活的孩子、高龄者带来种种问题，高层住宅带来的巨大空间，其匿名性高，居住者之间的自然相识不易形成，出于对防范的担忧，孩子的户外活动受到限制。有报告显示这些孩子由于缺乏幼儿期重要的团体游戏、自然结识朋友的体验，结果造成高层居住的孩子恋母情结，基本生活习惯的自立能力延迟。从家族、生活方式层面来看高层居住，应该考虑有适合人群和非适合人群，正确选择住宅类型。

孩子发育阶段与对住居的要求、留意点　　　　　　　　表4.7

	运动的发达	运动、智能、知觉的发达	对住居的要求、留意点
婴儿期	·睡觉 ·翻身 ·可以一个人坐着 ·扶着东西站起来 ·一个人行走	·注意小东西，抓住往嘴里放 ·从抽屉、柜子、缝隙中拿东西 ·手里拿的东西扔掉 ·关闭门 ·哪里都攀爬	*孩子待的场所与看护人待的场所结合 *促进感觉发达的环境刺激 *安全、卫生方面的周密考虑 ·放置育儿必要的东西（尿片、衣服、牛奶等）的固定空间，确保方便护理的位置 ·在舒适的场所放置婴儿床（日照、通风、噪声、颜色） ·确保可以让婴儿充分爬行的安全宽敞的房间 ·玩具放在固定地方 ·保持安全、清洁的地面 ·检查吊柜、家电、家具的安全性 ·吃饭用桌椅选用没有倒下危险，而且脏了好打理的
幼儿期	·稳步行走 ·来回走 ·跳 ·上下楼梯 ·全身运动活跃化 ·手指运动能力发达	·可以说话 ·模仿游戏和小朋友玩 ·玩水玩沙子 ·坐在椅子上够手伸不到的东西 ·模仿人的动作语言、行动 ·基本生活习惯的确立（吃饭、睡觉、更衣、排泄） ·可以理解简单的指示 ·探索行动	*为确立基本的生活习惯的居住空间的秩序化 *创意培养孩子的好奇心，提高自立性的居住空间 *促进全身运动发育的安全环境 ·基本的生活行为（吃饭、睡觉、玩、更衣），经常在固定的场所进行 ·设计孩子一人可以进出的衣服收纳空间（低位的抽屉、衣架、书包架） ·在父母可以守望的位置，确保可以摊开玩具玩的游戏场（居室、餐厅一角、游戏房间） ·在游戏场所，设计孩子可以自己拿出玩具的收纳空间，让孩子自然养成整理的习惯（玩具箱、书架、小件物品的抽屉） ·孩子愿意参与的水作业，厨房工作也应是安全的，让孩子快乐参与家务（符合身高的垫板） ·即便一人出入庭园、阳台也是安全的，把危险的东西收起来
学童期	·活动空间扩大 ·高度的运动	·在玩伴中发挥重要作用 ·趣味活动开始 ·对创造性游戏感兴趣 ·增加学习时间	*符合孩子成长的弹性的居住空间构成、家具配置 *创造性的设计 *空间的自我管理 ·低学年时，在能感觉家庭气氛的地方设置儿童房比较好（临近居室、餐厅、家庭图书馆） ·居室、餐厅应是能接受孩子生活的（多功能大桌子） ·儿童房，兄弟共有也行，随着成长，即便是一个房间，弟兄分别有自己的角落，只是就寝空间分离，共有空间要大等，提高独立度 ·随着年龄的增长整理所有物，变化收纳家具 ·激发孩子创造性的家具、考虑室内装饰、留给孩子根据自己爱好进行装饰的余地 ·空间设计应便于孩子管理自己的东西和房间以及进行家庭教育 ·孩子的作品（图画、手工）可以挂在墙上、架子上
青春期		·厌烦父母干涉 ·重视朋友关系 ·开始对异性有兴趣 ·对容貌和服装关心度提高 ·愿意安静地学习	*确立孩子的私密 *孩子的私密和家族交流的平衡 ·设计孩子不受任何妨碍，自己可以独处的场所；有异性的兄妹时房间分离 ·设计有朋友做客，让孩子们接触的场所 ·设计考虑孩子的房间不从家族中分离出来 ·儿童房不要设计成饭店单间那样，对带进去的东西要关心

高层居住的利与弊　　　　　　　　表4.8

优势	缺点		
·眺望好 ·地标性，象征性 ·高地价地块的可能性大 ·降低共用空间、设施配置的费用	① 户外的距离加大 ·灾害时避难的忧虑 ·外出机会减少 ·孩子户外游玩的限制 ·落下物的危险	② 建筑的体量大 ·风灾 ·对周边的日照妨碍 ·压迫感 ·防范能力低下 ·加速居住者相互之间漠不关心 ·游离周边地区	③ 人工环境化 ·生理的不协调 ·心理的不协调

4.6 高龄者的家族生活

4.6.1 高龄者的居住形态

日本的高龄者与欧美诸国相比，与孩子同居的比例高是其特征。从与高龄者的子女同居比率来看，1980年是70%，到了90年代几乎降为半数，到了2002年下降到47.1%。但这与欧美诸国相比仍显示了相当高的同居率。同居的形态也在变动，同居的对象，与长子以外的人同居，在同居过程中半路夫妻（同居）的有所增加。在地方城市同居理由多出于根深蒂固的传统规范，而大城市由于住房获得困难无奈，同居的也在增多。

以大城市为中心，高龄夫妇家庭、高龄单身家庭有明显增加，预计今后有进一步增加的趋势。要使这些高龄者在住惯了的地域、住房中尽可能长久地维持自立生活，加强物质环境的建设，人工服务的充实是重要的课题。

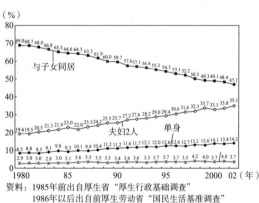

资料：1985年前出自厚生省「厚生行政基础调查」
1986年以后出自前厚生劳动省「国民生活基准调查」

图4.40 65岁以上老年人的居住形态

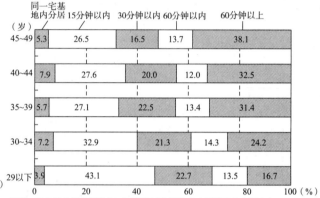

资料：出自国立社会保障人口问题研究所「第2次全国家庭动向调查」
※ 1998年7月实施
※ 在人口普查区以有配偶、子女家庭为对象随机抽查300户的问卷调查

图4.42 按年龄阶层比较分居与父母家的时间距离

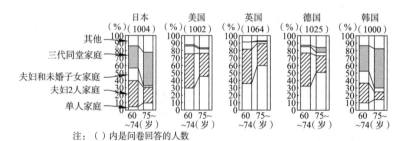

注：（　）内是问卷回答的人数
资料：出自总务厅1990年「关于老年人生活和意识的国际比较调查」

图4.41 高龄者的家族形态（国际比较）[25]

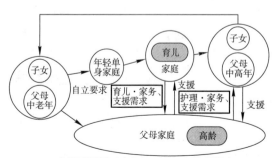

家族网络居住（为交流·支援，在附近居住）

图4.43 家族网络居住 形成过程概念图[26]

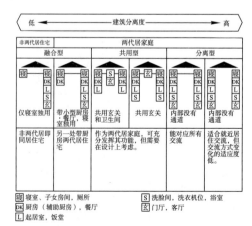

图4.44 父母家庭和子女家庭的生活行为的融合与分离[27]

4.6.2 家族网络居住

目前年轻人婚后，不是选择与父母同居或邻居，而是选择在同一小区内、同一交通沿线上便于互相往来的地方，拉开一点距离，父母和子女居住的"家族网络居住"。孩子的住居和父母的住居距离在30分钟之内的比率越是年轻层越高。父母期待在紧急情况发生时的安全感。这种平时各自独立，需要时互相支援的住居方式也许是今后选择的目标。

4.6.3 同居家族的住居

父母一代与孩子一代同居的住宅设计，与父母是夫妇还是单身、身体健康状况程度有很大关联。炊事、用餐等基本的生活行为，父母一代和孩子一代是共同化还是分离化？这种生活方式决定设备和空间的构成。

近年，代际间有生活行为分离的倾向，以分离为基础的两代之间交流为目的的空间关怀成为设计的关键。

4.6.4 护理与住居

过去由家庭承担的高龄者的护理，由于长寿化、女性走向社会等原因，其环境发生很大的变化。自2000年4月护理保险制度出台以来，在住居接受护理的高龄者每年都在增加。

由于护理保健制度的普及，整体上来看家族护理负担减轻了，但是需要护理度高的家庭负担依然很重。高龄者的配偶互相照顾的情况有增加的倾向，尤其是作为丈夫的男性护理者的高龄化严重。

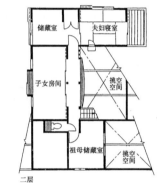

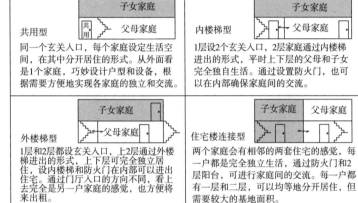

图4.45　二代居住宅的四种类型[28]

护理环境的变化　　　　表4.9

1. 老龄人口比例	低率	→	高率
2. 医疗	未发达	→	发达
3. 需要护理的期限	短期	→	长期
4. 护理者的年龄	青年	→	中老年
5. 女性的就业形态	自营型	→	雇佣型
6. 抚养意识	强	→	弱
7. 护理者的确保	容易	→	困难

图4.46　同居家族的住居[29]

资料：出自厚生劳动省"护理保险事业状况报告"

图4.47　护理保险家中服务接受者人数的推移

配偶者男女性别的详细内容及年龄构成　　　　　（%）

	男女比例	年龄构成					
		未满40岁	40~49岁	50~59岁	60~69岁	70~79岁	80岁以上
男（夫）	25.1	3.9	9.4	23.6	25.1	24.7	13.2
女（妻）	74.9	3.5	13.2	30.1	28.1	18.1	6.9

资料：出自厚生劳动省"国民生活基础调查的概要"（2004年）

图4.48　从要护理者角度看主要护理者的亲属关系

图表出处

1) 川崎直宏：多摩フェア GA　No.81，1981
2) 鈴木成文・杉山茂一他：順応型住宅の研究，新住宅普及会
   住宅建築研究所報 No.1，1974
3) MAG 建築設計グループ編：すくすくのびのび子供部屋，
   経済調査会，1993 より作成
4) 園田眞理子：月間福祉，March　2009
5) 日本経済新聞，2008.11.9
6) 上野千鶴子：近代家族の成立と終焉，岩波書店，1994 の
   ダイアグラムに加筆
7) 住宅・都市整備公団関西支社集住体研究会編：集住体デザ
   インの最前線　関西発，彰国社，1998
8) 巽和夫・未来住宅研究会編：住宅の近未来像，学芸出版
   社，1996
9) 小林秀樹：集住のなわばり学，彰国社，1992
10) 高井宏之：市場を喚起する住空間，建築文化 1991 年 3 月
    号，彰国社，1991
11) 住宅・都市整備公団関西支社：住まいの考現学パンフレッ
    ト，1994
12) 若林礼子他：夫婦の生活実態でつくる家，ほたる出版，
    1997
13) 毎日新聞，1998.3.25
14) 小澤紀美子編：豊かな住生活を考える―住居学　第 2 版，
    彰国社，1996
15) 小谷部育子：コレクティブハウジングの勧め，丸善，1997
16) 延藤安弘：創造的住まいづくり・まちづくり，岩波書店，
    1994
17) 今井範子：現代の住様式（日本家政学会編：家政学シリー
    ズ 18　住まいと住み方，朝倉書店，1990）
18) DEWKS net vol.3，旭化成・共働き家族研究所，1990
19) 川崎衿子編：ライフスタイルで考える 3　食卓が楽しい住
    まい，彰国社，1997
20) ナイスキッチン総合カタログ'95，松下電工，1995
21) CONFORT　No.26，建築資料研究社，1996
22) 住まいのキッチン'97 総合カタログ，松下電工，1997
23) Editors of Sunset Books and Sunset Magazine, Chil-
    dren's Rooms & Play Yards,Sunset Publishing
    Co.,1994
24) もえぎ設計：もえぎ vol.6，1995
25) 経済企画庁編：平成 6 年版国民生活白書，大蔵省印刷局，
    1994
26) 牛山美緒：家族像の変化と今後の住宅需要に関する研究
    （その 2），住宅・都市整備公団調査研究期報，No.110，
    1996
27) 入澤敦子：工業化住宅におけるソフト技術開発のあゆみ，
    すまいろん第 43 号，住宅研究総合財団，1997
28) 旭化成二世帯住宅研究所：新二世帯住宅百科，旭化成ホー
    ムズ
29) もえぎ設計：もえぎ vol.15，1999

第5章

住居的室内环境

　　我们的住居，不仅受所居住地域的气候条件、风土等自然环境的左右，而且受建筑结构、设备内容、家族构成，以及其地域的文化背景等社会环境的影响，我们在严酷的自然环境中积极采用各种最新技术，创造更加舒适的住居，经过我们的努力，在比我们预期更短时间内扩大了生活环境，创造出安全健康的生活空间以及具有便捷性的丰富多彩的环境。

　　但是通过这些人工环境的创造所得到的所谓舒适的生活空间，对此我们的内心真的感到十分平和吗，值得怀疑。新建的独立住宅、集合住宅的设计无视地方的风土特性，优先考虑产业化量产的住宅增添了煞风景的景观，多样化的家族生活形态被束缚在一种模式下的住宅中，其结果带给我们自身新的心理问题，其解决对策应重新探讨，这个课题在此章没有展开。

　　本章主要关注与我们日常的生活质量密切相关的室内环境的本质。

　　第1节"风环境"论述为保持室内空气清洁的换气和通风；第2节"热环境"论述为追求舒适性，密封性高的室内温热感觉和结露的发生；第3节"声环境"论述声的能量和噪声；第4节"光环境"论述室内采光评价和照度的调节；第5节"色环境"论述色的表现和生理、心理的反应；第6节"作为人工环境的住居"论述随着室内环境的调整而发生的各种各样的问题。

5.1 风环境

为使住宅室内环境有良好的风环境，有引入新风与室内空气交换的换气和通风。前者的作用是清除室内的污浊空气，后者的作用是在夏季引入室外的自然风使人得到凉爽的感觉。

5.1.1 室内空气的污浊

室内空气的污染不仅来自大气的污染，而且来自室内产生的污染物质（图5.1，表5.1、5.2）。冬天封闭的室内容易引起在室者头晕，这可能是由于换气不当，CO_2（二氧化碳）浓度升高，室温和湿度上升，臭气和粉尘等种种原因引起的（图5.2、5.3），但原因不明的情况很多。这种室内环境即便人体没有什么异常，但确实对在室者的人体有负面影响，不仅出于室内保健卫生的观点，为使得室内环境舒适，引入新鲜空气的换气是十分重要的(表5.3)。

5.1.2 通风

室内的气流，是在室者感觉舒适的室内条件（温度、湿度、气流、辐射）的要素之一。夏天提高风速，凉爽感就会上升，因此为了很好地通风，夏季的主导风向一侧要设窗户等开口部（图5.4），其相反一侧即便小也有必要设一空气流通的通风口（图5.5）。为组织良好的通风，考虑上风和下风的开口部的大小、位置关系、通风路径的障碍物等也很重要。但是如今生活在市区的人们很少积极引入自然风。

5.1.3 换气

在空调开启时如果进行换

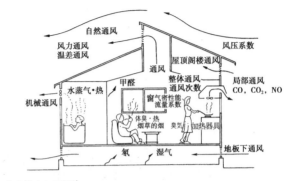

图5.1 住宅的空气环境[1]

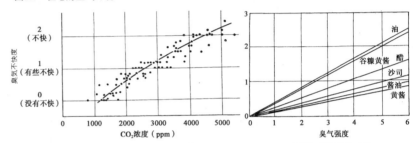

图5.2 臭气不快感评价与CO_2浓度的关系[2]　　图5.3 调味料气味和回答率[3]

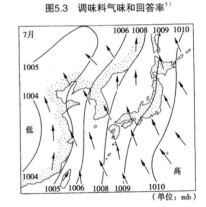

图5.4 冬季和夏季的典型的气压配置和风向（冈田武松）

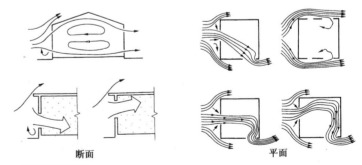

断面　　　　　　　　　　平面

图5.5 开口位置和输送

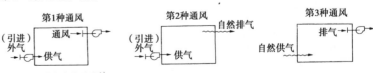

图5.6 通风方式的分类[1]

气，就会增加空调的热负荷，所以要避免过度的换气，但从环境卫生的立场出发，最低限度的换气是必要的。

（1）在室者的必要换气量

研究表明，换气不好的房间的CO_2浓度，虽然对人体没有直接损害，但是随着其浓度增加，也会使在室者感到不适。一般是水蒸气、臭气、尘埃等室内污染，如表5.3所示规定的CO_2污染浓度以0.1%（1000ppm）为标准。

室内污染物的发生源和污染物[1]　　　表5.1

发生源	污染源
人体	体臭、CO_2、氨、水蒸气、头皮屑、细菌
烟草	粉尘（焦油、尼古丁、其他）CO、CO_2、氨NO、NO_2、碳化氢类、各种致癌物
人的活动	沙尘、纤维、霉、细菌
燃烧机器	CO、CO_2、NO、NO_2、SO_2、碳化氢、烟粒子、燃烧核
事务机器	氨、臭氧、溶剂类
杀虫剂类	喷射剂（弗化碳化氢）、杀虫剂、杀菌剂、杀鼠剂、防腐剂
建筑	甲醛、石棉纤维、玻璃纤维、氡及坏变物质、接合剂、溶剂、霉、浮游细菌、扁虱
维修	溶剂、洗剂、沙尘、臭菌

新鲜空气、呼气的组成[1]　　　表5.2

成分气体	N_2	O_2	CO_2	其他
新鲜空气	78.03	20.99	0.03	若干
呼气	79.1~80.0	14.5~18.5	3.5~5.0	若干

CO_2浓度生理现象和最大容许浓度[4]　　　表5.3

浓度	意味
0.07	多数持续在室的阈限值（pettenkopfer理论，不使用燃烧器具时）
0.10	一般情况下的阈限值（pettenkopfer理论，不使用燃烧器具时）
0.15	换气计算使用的阈限值（Rietchel理论，不使用燃烧器具时）
0.2~0.5	确认相当不良（燃烧器具并用时）
0.5以上	确认最不良（燃烧器具并用时）
备注	本表不是表示CO_2本身的有害的阈限值，而是表示假定空气的物理、化学的性状与CO_2的增加比例恶化时的阈限值

CO浓度对人体的影响[5]　表5.4

浓度（ppm）	暴露时间	影响
5	20分钟	高次元神经系的反射作用的变化
30	8小时以上	视觉、神经功能障碍
200	2~4小时	前头部头痛、轻度的头痛
500	2~4小时	激烈头痛、恶心、乏力感、视觉障碍
1000	2~3小时	心跳增快、伴有痉挛、失神
2000	1~2小时	死亡
备注		由于CO的中毒的阈限值依据浓度、暴露实践作业强度、呼吸强度、个体差别等难以设定，根据Henderson理论为浓度（ppm）×时间（h）<600

甲醛对人体的影响[6]　表5.5

浓度（ppm）	暴露条件	影响
0.3~2.7	作业场所	不快感、流泪、呼吸道疼痛、失眠、困倦、恶心、头疼
0.9~2.7	作业场所	上呼吸道疼痛、流泪
0.02~4.15	一般住宅	眼睛和上呼吸道疼、头疼、疲倦、腹泻、流泪
0.67~4.82	一般住宅	呕吐、腹泻、流泪
4~5	作业场所（10-30分钟）	不快感、流泪
0.5~10	一般住宅	眼睛疼、头疼、皮肤障碍、呼吸障碍
13.8	燃烧室（30分钟）	眼睛和鼻子疼
20	燃烧室（1分钟以下）	不快感、流泪

（2）产生煤气的必要换气

城市煤气、天然气等发生不完全燃烧时，会产生毒性高的CO（一氧化碳）。CO允许浓度为0.01%（100ppm），因此要十分注意换气（表5.4）。

（3）内装修材料产生挥发性物质

与挥发性有机化合物（VOC）同样，甲醛是致病宅综合征的原因物质之一。2002年，修订和公布了限制部分住宅内装修中发生该物质的法律（表5.5）。

5.1.4　换气方式的分类

（1）自然换气

在温度差和风的作用下，通过窗户、出入口等开口部、缝隙进入室内的空气与室外空气形成自然交替现象。因温度差的换气，在冬季取暖时，可以感受到通过门下缝隙和其他缝隙，有寒冷凝重空气侵入室内的现象。

夏季使用空调时，空气的流向相反，因风形成的换气，是通过风上侧的外墙、屋顶的压力（正压）和风下侧的外墙、屋顶的压力（负压）所产生的压差进行的。

（2）机械换气

机械换气使用风扇有3种换气方式（图5.6）。第1种使用送风机给排气，大多使用于大规模的厨房等；第2种使用送风机送气，排气为自然排气，多使用在防止污染物进入的手术室；第3种使用送风机排气，送气为自然送气，多使用在厨房、厕所、浴室等室内污染物质的排气。

5.2　热环境

　　近年，城市中心、郊外的集合住宅，密闭性好、空调设备齐全，居住者可以过舒适的生活。但多数人还在木结构的房屋里生活，这里伴随室内结露的发生、内装修的污染、发霉、扁虱。在这里我们就人的感觉、室内结露的发生以及防治对策进行论述。

5.2.1　温热感觉

　　人的体温在静态时，人体中心部位约 37±1℃，根据一天的周期、生理变化而变动。体温是食物在体内化学反应产生的热量（产热量）和身体的表面散发出来的热量（放热量）加以平衡，保持适当温度（图5.7）。人感觉到的热和冷（温冷感），都是由体内产生的能量（表5.6）决定的。即寒冷时血管收缩，不让热量散失，热时血管膨胀通过对流促进散热，增加发汗量，通过蒸发增加放热量。这种体温的调节（温热要素）共有6个要素，即作为环境条件的气温、湿度、气流、辐射（周围表面温度）和作为人体条件的活动量和着衣量。

5.2.2　热环境评价

　　评价人的温冷感初期的指标有有效温度（ET）。这是依据着衣1克洛（clo）轻体力作业时，标准（温湿度，气流）室和任意设定室（作业室）以及作业者的温热感的报告得出的。新有效温度（ET*）是以任意的着衣量、代谢量为基础的（表5.7、5.8）。另外通过如前所述的温湿度6要素，有将人体的温冷感应答的"暖和""寒冷"数值化提供的 PMV，"舒适的" PMV

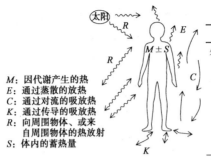

M: 因代谢产生的热
E: 通过蒸散的放热
C: 通过对流的吸放热
K: 通过传导的吸放热
R: 向周围物体、或来自周围物体的热放射
S: 体内的蓄热量

图5.7　人体和周围环境的热交换

产热量和放热量的关系　　表5.6

产热量 > 放热量：热
产热量 ≤ 放热量：舒适
产热量 < 放热量：冷

结露发生场所和内容　　表5.9

	发生场所	受害内容
外表	窗户玻璃 窗框	窗帘类、窗下榻榻米、地毯等的污染
	墙 （靠近北侧、地面的角隅部位）	表面装修的污染、发霉、涂料的脱落
	壁柜 （与外墙连接部位）	收纳品受潮、发霉
内部	墙等内部结露	墙体材料的腐烂、材料的隔热性不好

温热感觉和生理现象、健康状态的关系　　表5.7

（℃）温热感觉	极限（舒适感）	生理现象	健康状态
45	（温冷感）●	●体温上升 ●体温调节不良	●血液循环不良
40 ●非常热	●非常不舒适	●出大汗、随着血流增加压迫感	↑热冲击危险增加
35 ●热			
●暖和	●不舒适		●心跳不稳定
30 ●有点暖和		●发汗	
25 ●没有什么感觉	●舒适	●依据心跳的变化调节体温	●正常
●有点凉			
20 ●凉	●有些不舒适	●放热量增加，需要加衣服或运动	
15			●由于粘膜和皮肤的干燥增加痛苦
●冷	●不舒适	●手脚血管收缩、颤抖	●身体末梢部分的血液循环不良引起肌肉痛
10 ●非常冷			
5			

新有效温度 ET*（纵轴 ℃）

代谢量（met）和着衣量（clo）的例子[7]　　表5.8

代谢量（met）例子			着衣量（clo）例子	
活动内容		代谢量（met）	着衣的组合	着衣量（clo）
休息	睡眠	0.7	T恤+内短裤+外短裤	0.3
	坐在沙发上	0.8		
	坐在普通的椅子上	1.0	T恤+长袖开领衫+内短裤+长裤+袜子	0.6
	站立休息	1.2		
家务	扫除	2.0~3.4	T恤+长袖Y领衫+高龄毛衣+内短裤+长衬裤+厚裤子+袜子	1.0
	做饭	1.6~2.0		
	熨衣服	2.0~3.6		
事务作业	一般事务作业	1.1~1.3	棉长袖内衣+长袖Y领衫+高龄毛衣+夹克+内短裤+毛裤+厚裤子+袜子	1.2
	打字	1.2~1.4		

注：每1met的单位表面积的代谢量相当于58.2W/m²，1clo相当于0.16m²·K/W热阻抗

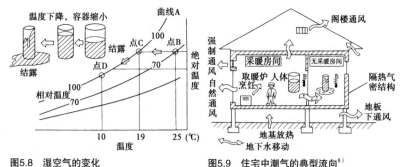

图5.8 湿空气的变化　　　　　图5.9 住宅中潮气的典型流向[8]

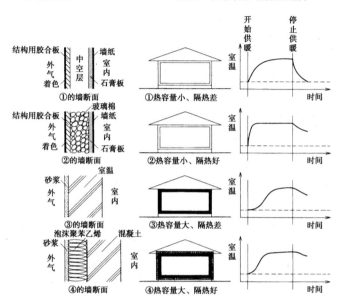

图5.10 隔热、热容量和室温的变化

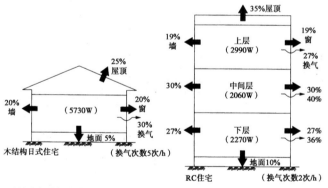

图5.11 建筑内部热损失案例（藤井正一）

建筑内部热损失的例子（藤井正一）　　　　表5.10

部位 \ 建筑种类	木造平房	钢筋混凝土公寓		
		中间层	最上层	最下层
屋　顶	1390	0	930	0
地　面	370	0	0	210
外　墙	1160	510	510	510
窗及其他	1070	510	510	510
换　气	1740	1040	1040	1040
合　计	5730	2060	2990	2270

（室内外温度差为10℃，建筑面积40m^2，单位：W）

为 –0.5 < PMV < 0.5 的值。

5.2.3 结露

1）发生

结露，是冬季采暖时室内一侧的玻璃面上出现水滴的状态，或者在夏季地下室的墙有尿墙的现象。还有墙壁、天棚、楼板出现的水滴，如表面装修材料有吸湿性的话，会渗透到装修材料内部，发生结露。表5.9表明了结露发生场所和受害情况。表面是否发生结露的判定是由室内侧的表面温度是否比室内空气的露点温度低决定的（图5.8、5.9）。内部结露不像表面结露马上可以看到，很多情况是经过一段时间，墙表面出现霉斑点，墙面出现脱落才发现。

2）防止对策

为防止表面结露，①增加外墙的厚度，②使用隔热材料，③墙面留有空气流动槽，④排除室内发生的水蒸气。①和②是降低热贯流率，③是提高热传导率，④是排除室内产生的水蒸气，降低相对湿度，防止结露。要防止内部结露，①设定防水层，②使用隔热材料。①是设在外墙等室内侧，防止水蒸气向低温部扩散、渗透，②是布置在外气侧，将室内侧的高温部分扩大，可有效防止内部结露。

5.2.4 隔热

建筑的室温维持的时间长短是由隔热性能决定的。根据屋顶、顶棚、外墙、楼板等隔热材料的使用方法的不同，建筑的热容量也会有大小。图5.10表示室温变动，图5.11是木结构和混凝土结构的热损失的实例图示化，表5.10表明两建筑物内部的热损失值，由此得知木结构的热损失相当大。

5.3 声环境

5.3.1 声的能量

声分是在空气中传播的空气声和通过建筑墙壁和楼板传播的固体声（图5.12）。空气中的声波是纵波（似池中的波纹），其速度在常温下（约15℃）为340m/s。波长除以声速的值称频率（Hz），表示1秒振动的次数。此外，与人的感觉对应的声能量的单位为分贝（dB）。标准是1000Hz（图5.18）的纯声。声用能量的量来计量，因此，分贝表示的感觉量不是简单可以计算的。

5.3.2 声的传播，吸声，隔声

当来自声源的声波碰到建筑外墙时，其能量的一部分被反射，一部分被墙面吸收，穿透（图5.13）。这时的吸声率由图5.14的公式所决定，吸声力（m²）是各材料的吸声率乘以面积得出的。人或家具很难确定表面积，因此用吸声力表示。声的透过率表示透过率的容易度，隔声使用$1/\tau$用分贝表示，称为透过损失（TL）。

5.3.3 噪声的种类

（1）声的听法

人的耳朵结构如图5.15所示。声通过外耳道使耳膜振动，经由神经传入大脑，人知觉声音。声的知觉，由①大小、②高低、③音色三属性表示。声的大小是指能量的大小（图5.16），声的高低是指频率的多少，音色是指吉他、笛子等的音不同（图5.17）。1000Hz的纯音是指音的大小水平，将与该音相等的大小音压水平连接的图5.18称为等音量曲线。

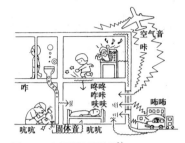

图5.12 空气音和固体音[9]

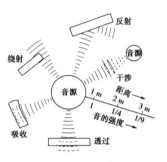

图5.13 音的物理特性[10]

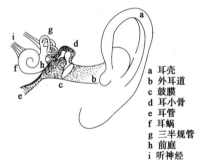

图5.15 人耳的构造[11]

a 耳壳
b 外耳道
c 鼓膜
d 耳小骨
e 耳管
f 耳蜗
g 三半规管
h 前庭
i 听神经

$$\alpha = \frac{I_a + I_t}{I}$$

α（未知数）：吸音率
I_a：吸收率
I_t：透过率
I：入射音的能量

$$\tau = \frac{I_t}{I}$$

τ（tawu）：透过率

$$TL = 10 \log_{10} \frac{1}{\tau}$$
$$= 10 \log_{10} \frac{I}{I_t}$$

TL：透过损失

图5.14 吸音率和透过率

120dB	发动机(10米以内) 飞机的爆音(10米以内)、直升机
100dB	离耳朵1公分，用稍大一点的声音喊（啊–）（实验比较危险）
80dB	地铁噪声，离耳朵30公分，用稍大一点的声音喊（啊–）
60dB	普通的马路的噪声
40dB	安静的房间
20dB	小声说话（离开1.3米的地方）
0dB	1kHz纯音的最小可听值

图5.16 身边的某声的音压水平[11]

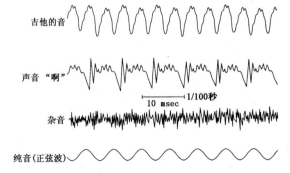

吉他的音

声音"啊"

10 msec ⊢ 1/100秒

杂音

纯音（正弦波）

图5.17 各类音的波形[11]

70

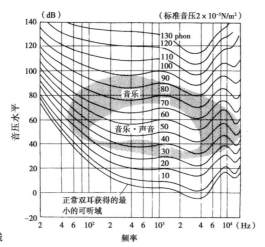

图5.18 对纯音等响度的曲线

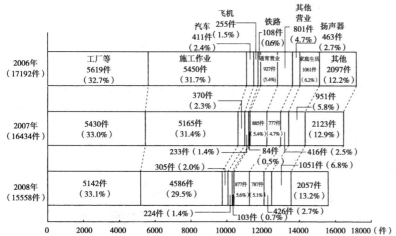

资料：出自环境省"环境白皮书"（平成22年）

图5.19 与噪声相关的投诉件数的推移

（2）噪声

我们周围的声，即便对某些人来说是好听的声，也会成为听者的多余噪声。但是人人都能感觉到的噪声有：1）过大的声（飞机）；2）变动过大的声（十字路口的车）；3）过高的声（救护车）；4）比周围更大的声（夜间的卡拉OK）等。图5.19是环境省统计的地方公共团体收集的投诉，值得注意的是包括夜间的噪声、孩子的尖叫声、钢琴、音响组合等生活噪声在内的近邻噪声的投诉较多（表5.11、5.12）。

5.3.4 噪声的对策

（1）声相关法律

为防止声环境恶化的噪声规范、法律，如表5.13所示的环境规范，规定了不同用途的地域、昼间、夜间的噪声水平。此外，针对干线道路以及飞机噪声也作了规定。

（2）噪声对策

为使室内噪声降至允许噪声水平，有必要综合考虑隔声、吸声材料的选择、施工方法等。在家庭练习钢琴时不使声音向外传播。机场附近的住宅安装防声的双重窗户，采用厚墙提高室内密闭性的同时，在室内贴吸声材料。混凝土、玻璃吸声率小，而有孔的板、多孔性材料吸声率高。此外，铅等密度大的材料虽然隔声性好但是吸声性差。没有隔声性和吸声性都好的材料。另外提高了室内的密闭性，会因为换气不良造成室内空气的污染，由于结露的发生使室内环境的舒适度降低，因此解决问题不能只考虑一方面的因素，要综合考虑。

按音源种类区分的噪声[1]　　　表5.11

噪声的发生源	音源的名称	中心频率（Hz）					dB（A）
		125	250	500	1000	2000	
家用电器	电器吸尘器	60~64	65~70	69~70	68~75	68~69	72~77
	洗衣机	56~63	56~62	56~60	50~57	46~58	56~64
	燃气取暖器	48~51	49~51	46~51	40~44	34~39	46~50
	厨房换气扇	54~60	53~57	54~55	51~52	45~47	55~57
	房间空调（窗式）	47~57	51~60	53~58	51~56	46~54	55~61
	电视机（歌谣曲）（相对音压水平）	-22~-13	-8~-7	-3~-1	-4~-3	-12~-10	-3~0
	电视机（新闻）（相对音压水平）	-14~-1	-7~-4	-8~-4	-14~-4	-24~-9	-8~-5

注：1992年计量法修订，音压水平的计量改为分贝（dB），本表的dB（A）是其对象，按照引用文件提示。

集合住宅的声环境[12]　表5.12

可以听见的声音	感觉隔声性能不好的声音
1. 钢琴、乐器声音 2. 孩子的啼哭、玩耍声 3. 孩子的跳动声、跑步声 4. 物体坠落声 5. 人的讲话声 6. 厕所、浴室、厨房的排水声 7. 来自上楼的脚步声 8. 玄关门的开关声 9. 楼梯、走廊的鞋声 10. 椅子、家具的挪动声	1. 孩子的跳动声、跑步声 2. 钢琴、乐器声音 3. 楼上传下的脚步声 4. 物体坠落声 5. 孩子的啼哭、玩耍声 6. 人的讲话声 7. 玄关门的开关声 8. 椅子、家具的挪动声 9. 楼梯、走廊的皮鞋声 10. 厕所、浴室、厨房的排水声

有关噪声的环境标准　表5.13

单位：dB

地域的种类	标准值	
	白天	夜间
疗养设施等需要安静的场所	50以下	40以下
住居专用，以住居为主的场所	55以下	45以下
商业、工业	60以下	50以下

注：时间区分：白天：上午6：00~下午10：00；夜间：下午10：00~第二天上午6：00，平成10年环境厅告示第64号，施行：平成11年4月1日

5.4　光环境

5.4.1　日照的评价

建筑的日照，保障了南侧与建筑的距离、基地的通风，窗前的眺望、开阔感、室内的光线和明亮。不仅建筑的外部，内部环境也会变好。

居住者对日照时间的满意度如图5.20所示，此外，由于季节不同太阳的位置（图5.21）也有差异，因此，面南的室内采光如图5.22所示，冬至时光线到达室内较深处，而夏季只照射至窗台。

5.4.2　眼的作用

据说通过人的眼（图5.23）获取的信息占83%，眼的作用很重要。人的眼可以感觉图5.24表示380~780nm的波长域，视网膜的环状体可以分辨网膜周围的明暗，锥状体可以分辨网膜中心部的物质形态和颜色，环状体可以感觉亮度但不能识别颜色。图5.24表示了眼的感度特性，傍晚蓝色的汽车比红色更显眼，而白天鲜艳的红色汽车会显得暗淡。

5.4.3　照明

室内的亮度，白天依靠采光，夜晚采光不足时依靠人工照明获取。图5.25表示人周围的亮度。

（1）照明标准

JIS的照明规范中规定了住宅各部位的维持照度，图5.26表示了维持照度。这是考虑了以往照度规范（量的标准）中照明的质量（眩光、可视度），2010年作为照明规范修订的。

（2）照度、辉度

某一个面接受光源的亮度称

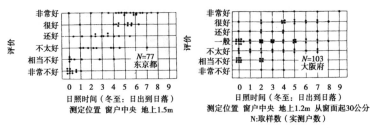

图5.20　日照时间（冬至：日出到日落）和居住者的评价（1973~1976年）[13]

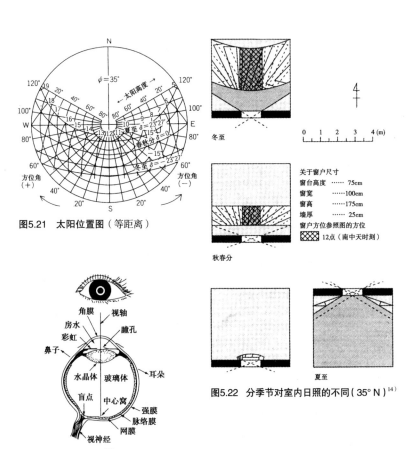

图5.21　太阳位置图（等距离）

图5.22　分季节对室内日照的不同（35°N）[14]

图5.23　眼睛的构造[15]

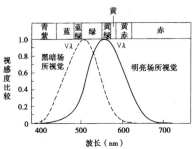

图5.24　视感度比较曲线[16]

图5.25　视环境的照度水平[17]

场所	生活行为	照度（ix）											
		1000	750	500	300	200	100	75	50	30	20	5	2
起居室	手工、缝纫	○											
	读书			○									
	团聚、娱乐					○							
	整体								○				
子女房间	学习、读书			○									
	VDT作业			○									
	玩、游戏					○							
餐厅、厨房	餐桌、操作台				○								
	厨房整体					○							
	餐厅整体							○					
卧室[1]	读书、化妆				○								
	整体									○			
	深夜											○	
浴室、脱衣室、化妆室	刮胡子、洗脸、化妆				○								
	整体						○						
厕所	整体							○					
楼梯、走廊	整体							○					
	深夜												○
玄关（内侧）	脱鞋、装饰柜					○							
	整体						○						
玄关（外侧）	门饰、门牌、门铃						○						
	道路										○		
	防范												○

1) 根据用途适当采取整体照明和局部照明
图5.26 住宅的照明标准（JIS Z 9110–2010摘录）

照明方法和特性　　表5.14

照明种类	光源	场所	时间	照度	色温度	光的方向性
自然光照明	自然光	仅限开口部	白天	变动	变动	指向性（直射光）扩散（天空光）
人工照明	人工光	自由设定	全天	固定	固定	指向性

天窗的例子　采光井

侧窗　高窗　顶侧窗的变形

锯齿型屋顶　起脊屋顶
顶侧窗的例子

图5.27　采光窗[18]

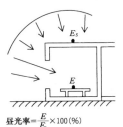

$$昼光率 = \frac{E}{E_s} \times 100(\%)$$
E：室内P点的水平面照度
E_s：该时间全天空水平面照度
图5.28　昼光率

人工光的表演效果　表5.15

照明因素	表演效果
光色、明暗	氛围
方向	立体感
明度	明视性
调光、亮闪、上下动	操作性

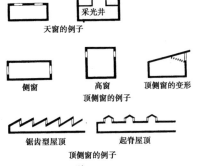

图5.29　照明器具配光的国际分类和器具名称[19]

光度（K）		2000　2500　　3000 暖白色	3500　4000　4500 白色	5000　6000　7000 冷白色
气氛（对舒适的照度）	明亮	活动的、兴奋、热情、欢喜	朗朗、纯净、有生气	透明、清爽、开放的、清洁、轻盈、金属的
	黑暗	平稳、亲密，热衷和谐、凝重	忧郁、平静、安息	沉静、不安、神秘、深远、阴沉

图5.30　色温度和气氛[20]

为照度（ix：勒克斯，lm/m²：流明每平方米）或某一方向的面的亮度称为辉度（cd/m² 堪德拉每平方米）。虽然桌上的白纸面和黑纸面的照度值是相同的，但白纸面辉度值高（亮），而黑纸面辉度值低（暗），由此得知两者的差异。

（3）照明光源的种类

照明用的两种光源的特性如表5.14所示。日光是根据天气、季节、大气的状况时刻变动的不稳定光源，人工光是可以长时使用的稳定光源。

（4）采光

采光窗如图5.27所示有侧窗、高窗、天窗等。天窗与同等大小的侧窗相比可以获得3倍的亮度，但要考虑日照热和漏雨。要预测日光带来的室内亮度多使用日光率（图5.28）。日光会给作业带来若干的问题，但日光的不规则变化和扩散性的柔和光线，有着给人心灵以慰藉，解除压力等重要作用。建筑规范规定住宅的采光窗的大小应占楼板面积的1/7。

（5）人工照明

只要供电得到保障，人工照明随时、随地都能保证一定的照度。过去住宅用照明使用的是白炽灯和荧光灯。但近年LED灯和荧光灯尽管在电灯价格和配光上（光的方向）存在一定的问题，但是随着削减电力（1/8）、长寿命化（数万小时）而迅速得到普及。照明设计要综合考虑图5.29表示的照明器具的配光分类，表5.15的表演效果，图5.30表示的色温度和气氛的对应关系等，根据使用目的选用照明方法。

色，是通过光刺激视网膜，经由脑中枢感觉的（图5.23）。

5.5.1 色的表现方法

色，大体分为光源色和物体色。物体色的表色系有蒙赛尔表色系，和奥斯特瓦尔德表色系，光源色有XYZ表色系。

（1）蒙赛尔表色系

美国画家蒙赛尔经过考察，1929年出版了色票（图5.31-a、b）。后来经过修改成为美国的标准表色系。日本也采用这个表色系标准，在色彩规划、涂料表示等专业广泛普及。这是将色相（色度），明度（亮度），彩度（鲜艳度）三属性（表5.16）进行配列的代表性表色系（图5.32、5.33）。读法如表5.17所示。

（2）奥斯特瓦尔德表色系

这个表色系（图5.34）是德国化学家奥斯特瓦尔德1917年开发的，这个表色系是以鲱鱼四色说为基本原理分割成24色相，明度由8个阶段构成，等色相断面为纯色、白和黑为顶点的三角形。色的表示法是白色量（W）和黑色量（S）、纯色量（C）的总和，经常用W+S+C=100混合比率来表示。这就是修订过的DIN表色系。

（3）XYZ表色系

XYZ表色系是CIE在1931年采用的代表混合色系的表色系（图5.35）。由照明光和物体的反射率以及人的视觉特性3种类求得三刺激值用XYZ进行色的表示。这个值不是心理上的色表示。在实用上用三刺激值的变换值X,Y（表5.18）及Y的3个数字表示。X,Y表示色度，Y表示亮度。

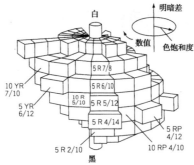

a 蒙塞尔色彩立体

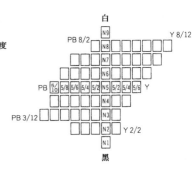

b 蒙塞尔色彩立体的垂直断面的色票排列

图5.31　蒙塞尔表色系

色的三个属性　　表5.16

	色相	明度	彩度
无色彩	×	○	×
有色彩	○	○	○

色的表示　　　表5.17

语言的传达：明灰的黄赤
记号的传达：5YR 8/2
表　　示：色相·明度/彩度
：HV/C
读　　法：5YR8/2
色　　相：H（Hue）
明　　度：V（Value）
彩　　度：C（Chroma）

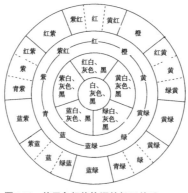

图5.32　关于色相修饰语的相互关系
（出自JIS Z 8102-1985）

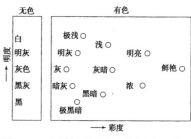

图5.33　JIS系统色的明度及彩度的相互关系
（出自JIS Z 8102-1985）

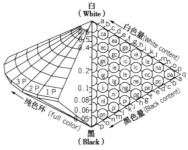

图5.34　奥斯特瓦尔德色立体[4]

X, Y 的表示　　　表 5.18

x=X/(X+Y+Z)
y=U/(X+Y+Z)

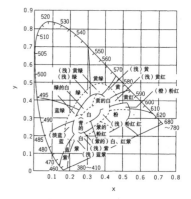

图5.35　色度图和光源色
（出自JIS Z 8102-1984）

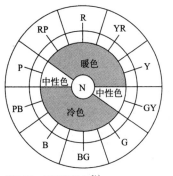

图5.36 暖色和冷色[21]

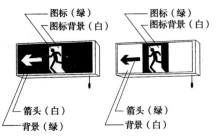

图5.37 避难口和通道引导灯的案例

5.5.2 色的知觉

（1）顺应

顺应有从明亮的地方突然进入电影院等暗的地方，过一会才能看清周围情况的暗顺应和从暗的地方到明亮的地方，马上就可以把握周围情况的明顺应（图5.35）。

（2）色顺应

从白色光照明的场所向白炽灯照明的地方移动时，最初感觉是朦胧的黄色，几分钟后就意识不到其光了，感觉到普通的白色光照明下的颜色。这就是色顺应。

（3）色对比

即使观察条件、照明同样，与背景色、观察前看到的颜色相比，出现与单独看到的色不同的现象称为色对比，两色同时看到时称为同时对比，时间较近的称为继时对比。

（4）视认性，可读性

交通标识、广告牌、商品的内容说明等文字的易视称为视认性，而文字、符号的易读称为可读性。为提高视认性的配色和顺序如表5.19所示。

5.5.3 色彩心理

色的感情效果有客观的东西和主观的东西，注意设计、产品的色规划很有必要，色的感情和三属性的关系如表5.20所示。色相有冷色和暖色（图5.36），明度会对轻重硬软感；彩度会对艳丽和质朴起作用。

5.5.4 色彩调节

考虑色的心理、生理效果（表5.21）的色彩搭配，有利于提高环境的安全性（图5.37，表5.22）、作业效能以及舒适度。

经常看到的配色和顺序[22]　表5.19

顺序	1	2	3	4	5	6	7	8	9	10
底色	黑	黄	黑	紫	紫	蓝	绿	白	黄	黄
图形的颜色	黄	黑	白	黄	白	白	白	黑	绿	蓝

色的感情和三属性[23]　表5.20

感情用语	色相赤系	色相青系	高明度	低明的	高彩度	低彩度
暖·冷	暖	冷	—	—	—	—
硬·软	—	—	软	硬	—	—
艳丽·素淡	—	—	—	—	艳丽	素淡

伴随色彩的联想[24]　表5.21

联想 性别 色	具体的联想		抽象的联想	
	男	女	男	女
白	雪、白云	雪、砂糖	清洁、神圣	整洁、纯洁
黑	夜晚、洋伞	墨、西服	灭绝、刚健	悲哀、稳重
赤	红旗、血	口红、红鞋	热情、革命	热情、危险
黄	月亮、雏鸡	柠檬、月亮	明快、活泼	明快、希望
绿	树叶、蚊帐	草、毛衣	永远、新鲜	和平、理想
青	海、秋空	海、湖	无限、理想	永远、理智
紫	和服裙子、客服	茄子、藤	高贵、古典	优雅、高贵

JIS安全色彩使用通则（出自JIS Z 9101–1986）　表5.22

色的种类	赤	黄赤	黄	绿	蓝	赤紫	白	黑
标准色	7.5R4/15	2.5YR6/14	2.5Y8/14	10G4/10	2.5PB3.5/10	2.5RP4/12	N9.5	N1.5
表示事项	1.防火 2.禁止 3.停止 4.高度的危险	1.危险 2.航海、航空的保安设施	1.注意	1.安全 2.避难 3.卫生、救护 4.进行	1.指示 2.注意	1.放射能	1.通道 2.整理	安全标识等的文字·记号·箭头的颜色
使用场所	1.防火标识 2.禁止标识 3.紧急停止按钮 4.火药黄标	1.灾害、障碍的危险标识 2.冲撞·坠落·跌倒的危险 3.救生筏·救生用具、水路标识	1.注意标识 2.注意标识	1.安全旗 2.紧急出口（诱导标识） 3.劳动卫生旗、救护标识 4.通行信号旗	1.安全卫生 2.带保护眼镜 3.注意、注意标识	1.放射性同位素、贮藏设施	1.通道、分区的方向 2.废品容器	1.危险标识的文字 2.注意标识的条纹花样 3.诱导标识的箭头
备注	辅助色中加白	辅助色中加黑	辅助色中加黑（黑框、黑条纹）	辅助色中加白	辅助色中加白	辅助色中加黄	安全标识等的文字·记号·箭头红、绿、蓝、黑的辅助色	黄·赤·黄·白的辅助色

注意：提高安全色彩的效果1）场所的测定——色彩计划·合理的大小，2）周围的状态——显示色彩的环境建设，3）照明——充分的亮度，4）保守——污垢，变褪色的检查

5.6 人工环境的住居

当今，高隔热、高密闭的发展使得室内环境调整成为可能。但是，其生活方式（图5.38）与过去的木结构住宅的生活是一样的，密闭化的室内在供冷供热时发生结露，随之产生发霉、扁虱等现象，由于换气量的减少，空气的污浊使得室内环境恶化等问题多发。

图5.38 高隔热，高密闭住宅的生活案例

5.6.1 各种舒适度

（1）香

住居中的香可以用于①消除臭气（表5.23）；②用香遮盖恶臭（表5.24）；③享受香（香道）等。近年芳香草（图5.39）被用来治疗人的生理、心理疾病。薰衣草的芳香，有迅速解除失眠、精神压力，消除疲劳的效果；玫瑰的芳香可以慰藉心灵，使人产生幸福感。

（2）房间的空气

密闭性高的房间，可以营造不受大气污染和外气温影响的舒适空间，但是不能避免室内的污染。即呼吸使得 CO_2 浓度上升，烟草烟、有机烟雾、霉、虱等的浮游粒子、粉尘等室内污染。1990~2009年20年间日本哮喘发病率大人为3倍（约0.7%~2%），儿童4~5倍（0.8%~4%），2008年的特应性患者治疗数大人1.5%，儿童不到4%，呈现较高数值。据说这是住宅密闭性导致的结果。

（3）光和色

日光是自然光，光源本身不可操控。人工光是带有红头光的白炽灯和蓝白光的荧光灯，

住宅中的不快气味[25]　　　　表5.23

	玄关	走廊	起居室	卧室	子女房	厨房	厕所	浴室	洗脸间	垃圾堆放处	化粪池	卧具壁柜
霉味	○	○						○	○			○
烟草气味			○	○			○					
烹调气味						○						
厨余垃圾气味						○				○		
汗臭			○	○	○							
厕所臭							○					
污泥臭·腐烂臭											○	
灰尘臭			●	●	●							●

●：根据情况发生

芳香的问卷调查[26]　　（N=176）　　表5.24

摆放芳香的场所	喜欢（%）	不喜欢（%）	不在意（%）	没回答（%）
玄关	70.3	16.6	9.7	3.4
起居室	36.0	37.1	19.4	7.5
卧室	32.0	44.0	18.9	5.1
走廊	22.3	29.7	39.4	8.6
浴室	42.9	32.6	17.1	7.4
厕所	95.4	2.3	2.3	0.0

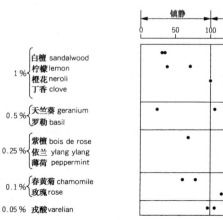

图5.39 药草的作用[27]

76

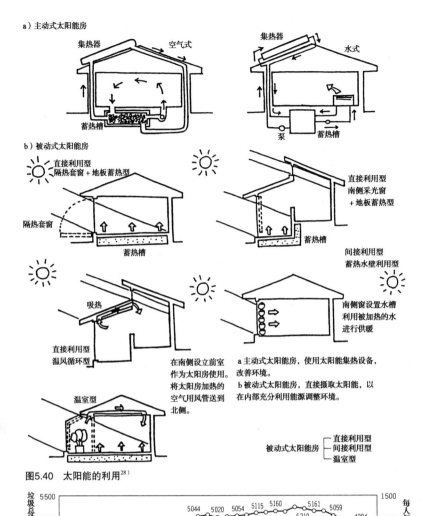

a）主动式太阳能房

集热器　空气式

集热器　水式

蓄热槽

泵　蓄热槽

b）被动式太阳能房

直接利用型
隔热套窗＋地板蓄热型

隔热套窗

蓄热槽

直接利用型
南侧采光窗
＋地板蓄热型

蓄热槽

间接利用型
蓄热水壁利用型

吸热

直接利用型
温风循环型

南侧窗设置水槽
利用被加热的水
进行供暖

温室型

在南侧设立前室
作为太阳房使用。
将太阳房加热的
空气用风管送到
北侧。

a 主动式太阳能房，使用太阳能集热设备，
改善环境。
b 被动式太阳能房，直接摄取太阳能，以
在内部充分利用能源调整环境。

被动式太阳能房
┌ 直接利用型
│ 间接利用型
└ 温室型

图5.40　太阳能的利用[28]

垃圾总排出量（万吨/年　参考）

每人每天垃圾排出量（克/人·日　参考）

4063
4153　4319　4462　4394　4448　4304　4264　4266　4345　4475　4647　4839　4997　5044　5077　5020　5030　5054　5069　5115　5120　5160　5145　5161　5210　5161　5059　4982　4904
　　　　　　　　　　　　　　　　　　　　　　　　　　5161　5059　4904　4782　4523

989
999　1049　1028　1032　1028　993　980　981　1007　1040　1082　1114　1120　1118　1104　1103　1106　1105　1114　1112　1118　1111　1132　1124　1111　1106　1086　1069　1051　1026　972
986
每人每天垃圾排出量（参考）

1976年　55　60　1990年　5　10　15　20（年度）

注：「(参考)垃圾总排出量和每人每天垃圾排出量的推移」的垃圾总排出量是从2004年实际数据汇总中定义的垃圾
　　收集量、直接搬入量、自行处理量的合计中求得。

图5.41　垃圾的排出量的推移[29]

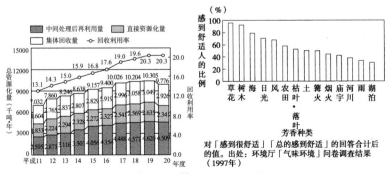

■中间处理后再利用量　■直接资源化量
□集体回收量　○回收利用率

总资源化量（千吨/年）

回收利用率（%）

13.1　14.3　15.0　15.9　16.8　17.6　19.0　19.6　20.2　20.3　20.3

9.032　7.860　8.246　8.638　9.157　9.400　10.026　10.204　10.305　9.776
1.604　1.765　1.837　1.807　1.829　1.919　2.996　3.058　3.049　2.926
1.833　2.224　2.294　2.324　2.272　2.327　2.541　2.569　2.635　2.341
2.595　2.871　3.116　3.503　4.056　4.154　4.488　4.577　4.620　4.509

平成11　12　13　14　15　16　17　18　19　20（年度）

图5.42　总资源化量和回收利用率的推移[29]

感到舒适人的比例（%）

草花　树木　海光　日田　风　农田·落叶　枯叶　土　篝火　烟字　庙川　河川　雨　湖泊
芳香种类

对「感到很舒适」「总的感到舒适」的回答合计后
的值。出处：环境厅「气味环境」问卷调查结果
（1997年）

图5.43　感到舒适的芳香

近年来开发了 LED 灯。住宅的照明考虑经济性、消费能耗的气氛照明也有增加。

（4）声的表现

为防止演奏、唱歌等声音不向室外传播，进行室内的隔声工程，虽然提高了室内密闭性却带来了结露和室内空气的污染等问题。

5.6.2　节能

面对 21 世纪有限的地球资源枯竭的危机，全球性的地球环境保护的研讨成为热点，近年空调系统的高效化，推进了利用自然能源（太阳光发电）的节能化。太阳能的利用方式如图 5.40-a、b 所示。

5.6.3　垃圾再利用

追求方便性使得从生活中排出的垃圾不断增加（图 5.41），破坏了自然环境，给我们的生活带来重大影响，垃圾处理问题变得日益严重。各地方政府在"混合是垃圾，分类是资源"的口号下，分类回收铝罐、纸制饮料盒、旧报纸等资源，再循环的运动迅速展开（图 5.42）。

5.6.4　环境共生

今后的住居，伴随着信息网络的发达，工作场所多样化了，与生活方式的多样化同时，高龄者的设备的充实以及把地域气候、风土的特征引入居住空间的住宅设计是十分迫切的。积极采用太阳能、光、微风、树木的绿和香的住宅对人类来说是亲切和舒适的（图 5.43）。另外，在国际上提出了关注环境共生住宅、保护地球，防止地球变暖的对策。日本为实施这一对策于 2002 年 6 月修订和公布了相关法律。

图表出处

1) 日本建築学会編：コンパクト建築設計資料集成　住居，丸善，1991

2) 楢崎・佐藤：体臭に基づく必要換気量算定のための基礎的研究，日本建築学会大会学術講演梗概集，環境工学，1983

3) 松井静子ほか：厨房における臭気発生源と臭気評価，日本建築学会計画系論文集，1994.6，No.460

4) 日本建築学会編：コンパクト建築設計資料集成　環境，丸善，1978

5) 日本建築学会編：設計計画パンフレット18　換気設計，彰国社，1976

6) 長田英二：ホルムアルデヒドによる室内汚染と測定，ベル教育システムセミナー，1989

7) 空気調和・衛生工学会：空気調和・衛生工学便覧Ⅰ，1989

8) 建築技術，Vol.2，No.472，1990

9) 前川純一，岡本圭弘：誰にもわかる騒音防止ガイドブック，共立出版，1981

10) 松下電器音響研究所：音の百科（ミニ博物館），東洋経済新報社，1985

11) 山田宗睦代表：耳は何のためにあるか，風人社，1989

12) 木村翔ほか：集合住宅の音環境に対する居住者意識と住まい方に関する研究，日本建築学会計画系論文集，1994.12，No.466，1-8

13) 日本建築学会編：設計計画パンフレット24　日照の測定と検討，彰国社，1986

14) 日本建築学会編：コンパクト建築設計資料集成2，丸善，1960

15) 山田宗睦代表：目は何のためにあるか，風人社，1989

16) 新建築学大系編集委員会編：新建築学大系10　環境物理，彰国社，1984

17) 照明学会編：最新やさしい明視論，照明学会，1977

18) 山田由紀子：建築環境工学，培風館，1966

19) 照明学会：ライティングハンドブック，オーム社，1987

20) 照明学会照明普及会：照明教室69　照明　Q＆A（Ⅱ），1991

21) 日本色彩学会編：色彩科学ハンドブック，東京大学出版会，1982

22) 大島正光：色彩の心理・整理・色彩調節，技報堂，1953

23) 納谷嘉信：二色配色の調和域について，電気試験所彙報30，1966

24) 伊藤克三ほか：建築環境工学，オーム社，1979

25) 岡田誠之：臭気対策に関する最近の理論と技術，環境技術研究協会，1992

26) 浜渦良雄：快適な環境とニオイ，悪臭公害対策セミナー講演集　昭和62年度第5回，1988

27) 鳥居鎮夫：香りの催眠効果と目覚めの効果，フレグランスジャーナル，86，1987

28) 芦川智，佐生健光編著：すまいを科学する，地人書館，1990

29) 日本の廃棄物処理　平成20年版，環境省，2010

第6章

居住地的环境

本章主要讨论住宅的外部空间的课题。人类居住的行为，居住比起住宅内部，更取决于外部环境的好坏，是关于居住地、居住环境、地域的科学。

第1，说明日常生活的空间是如何构成的。现代人的一般居住地，是以住宅和职场为基本元素的，住宅外的娱乐空间以及连接它们的交通，这4个关系正是城市问题、住宅问题的根本。从空间的扩展来说，有家庭用具、家具、房间、住宅、邻居、街道、小学校、行政区、市町村、都道府县（日本的行政划分级别，相当于我国的省、直辖市，前文中的市町村也相当于我国的市、区、乡镇、村）、地方、国土、洲、地球等不同生活半径，分别对应人的组织、生活行为、设施等。

第2，将居住地分成两类——老城和新城来把握。近代的大城市从工业劳动力集中开始，出现了城市问题和住宅问题。现代约半数的日本人在大城市圈生活，比较其大城市圈的中心部居住地和郊外居住地、新城的居住景观进行概说。

第3，论述人类规划创造居住地的行为历史。经过产业革命，以空想社会主义、科学社会主义为出发点，提出如何解决城市和农村对立的尖锐问题。19世纪出现的城市规划的行政体系逐渐高度化。这是为解决工业和工业劳动者在大城市集中所引起的资本主义矛盾，以及为进一步促进资本主义而产生的体系，包括现代课题在内概观历史。

第4，论述环境问题。现代人的生活与地球规模的环境问题密切相关，以地球变暖问题为中心思考居住地的形态。

6.1 居住地的形成

6.1.1 日常生活的空间

我们的生活大部分是在大地上展开的。以住宅为中心的日常生活圈，基于相当有限的地域中展开的。作为本章论述对象的居住地，是指以住宅为中心，向开展日常生活的空间扩展。

考虑居住地的构成时，要思考以土地为基础的生活，其空间如何构成。一般来说，居住地是由于人类作用于自然（土地）而成立的。这个作用就是"生活"。人类为了生存从土地中获取、还要借助自然的力量制造有用的东西，即所谓生产。从事生产的生活我们称之

为"劳动"。农业是生产的出发点，居住地起源于农业聚落。

摆脱了自给自足的人类通过分工，进行各种生产，生产产品通过流通进行销售。生产逐渐从农林渔业向矿业、制造业、建设业、商业、服务行业分化，分别有了相应的劳动空间。这就是城市，是另一个居住地。这些分别依附于专门的建筑和地域，包括生产空间，居住地的历史延续下来。

狭义的"生活"多是除去了劳动，从生活时间来说可以把劳动过程和生活过程（劳动力再生产过程、娱乐）分开来思考。但

是狭义也好、广义也罢，住宅成为生活的中心是毫无疑义的，农业自不必说、工商业也是一样，本来其劳动空间附近就有住宅。

生活过程用"衣、食、住"来表达，是传统的说法。人类生存的最低条件是食粮，为适应气候变化有衣服、住宅；此外，城市的发达和分工的发达，生活过程可以从医疗、教育、福利等公共服务的层面来把握。这关系到包括住宅的居住地构成。

居住地是人类全面展开生活的场所，因此存在于复合构成的要素中。

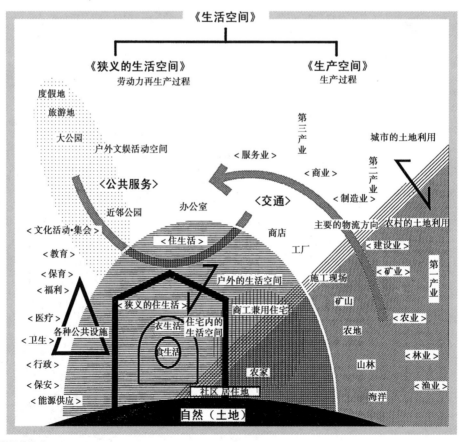

图6.1 生活空间的构成

6.1.2 职住绿近邻

现代人的一般的居住地，简单地表达可以说是以住宅和职场为基本点，住宅外是劳动力再生产过程中展开的娱乐空间，以及连接它们的交通的4个功能构成的。过去国际建筑师协会 CIAM 也主张用"住宅"、"工作"、"娱乐"再加上"交通"的4个功能来把握城市。这一理论学说的功德且不论，现代城市生活可以用这4个功能解读居住地的构成，这4个关系是城市问题、住宅问题的根本。

职场与住宅的近邻，即职住近邻，也有加上娱乐空间，即职住绿近邻的目标愿景。这是被称为日本住居学创始人西山卯三的主张，是针对通勤时间过长，公园绝对数量不足的大城市和大城市圈的生活提出的。

现代日本人的生活劳动时间与欧美先进国家相比要长，加上通勤时间长，大城市圈单程超过2个小时的例子已不足为奇，这样与自己的住宅、居住地相关度，在时间上、兴趣上都很贫乏，其结果很难组织提升居住地质量的活动，卷入恶性循环。

对娱乐空间的诱导也是重要的课题。在附近有几个日常可以到达的公园，分布在观光地的文物如何游览，如何到达海滨浴场、登山等，娱乐空间与交通的关系也很密切。这成为早期铁路的发展、汽车的普及的动机。通往观光地的交通，比通往职场的交通普及得更早，交通会打造职场和居住、居住和绿地的关系。

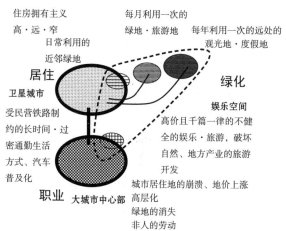

生活空间和生活方式的矛盾

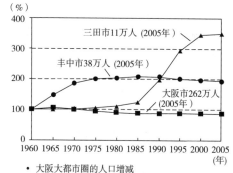

• 大阪大都市圈的人口增减

以1960年的人口为100进行推移。丰中市临近大阪市，在经济高度增长期的20世纪60年代人口剧增，进入70年代人口转入微增，近年出现减少趋向。距大阪1小时通勤圈的三田市1990年前后的增长率是全国第一，到2000年才趋于稳定。战前有人口高峰的大阪市从战后1965年的316万人进入微减阶段。但是，近年有回归中心区人口增长的倾向，另外该3市合并后市区范围基本没有扩大。

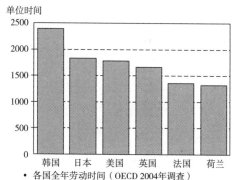

• 各国全年劳动时间（OECD 2004年调查）

受到长时间劳动批评的日本从1990年开始逐渐缩短劳动时间，不断接近美国的水平。欧洲各国的劳动时间更短。但是，有的指责日本的统计没有包括加班时间，比欧美更长的出勤时间，工人待在居住区域的时间少。韩国和日本高速成长期一样，实行长时间劳动。

图6.2 大城市圈居住地存在的问题

在英国的市区范围到处都有1公顷左右的公园（伯明翰）

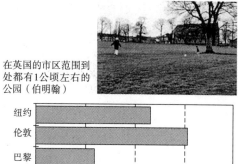

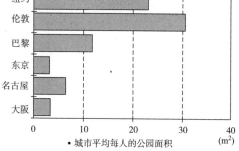

• 城市平均每人的公园面积

6.1.3 作为福利基础的地域——与生活相关的集团、设施

生活空间从小到大依次例举有道具、家具、房间、住宅、邻居、街道、小学校、行政区、市町村、都道府县、地方、国土、洲、地球等不同尺度范围。

具体到居住地的空间，特别要关注的是住宅、小学校、市町村、国家、地球5个圈域层次。

①首先，住宅是一天中一半时间要度过的地方，是家族这一社会最小单位生活的空间。②小学校可以说是相当于近邻住区，在可以完整地看到日常生活的范围。③市町村是世纪初的自治体，拥有与生活、地域直接关联的权限、财政。④国土对应的是对生活空间具有最大权利的国家，决定基本的生活。在日本产生了中央集权的政治体制，因此更加重要。居住地的形态最能反映国家的意向；此外，国土规划作为各地域城市规划的上位规划有着重大意义。⑤生活空间最大单位的地球，已经到了现代的生产规模直接影响地球整体的阶段。

过去的居住地，特别是农村形成的生活扶助体制在近代城市中被瓦解了，幼儿、高龄者的保护由公共机关承担。居民安心地生活，关注幼儿、高龄者，遇到疾病和灾害生活能有保障，需要在地域中建立必要的体制。

从日常的生活观点出发考虑居住地时，首先最重要的是小学校区、近邻住区，即占日常生活大半的这些单位。大多数的自治联合会、小学校的PTA、妇女会、青年团的联合会等组织都设在小学校区。但是人口稀少化的农村、空洞化的城市中心居住地的小学校被废弃，由此带来了改变这个范围的问题。

日本的小学校区人口，在城市一般约1万人，在农村不到0.5万人，比欧美规模要大。

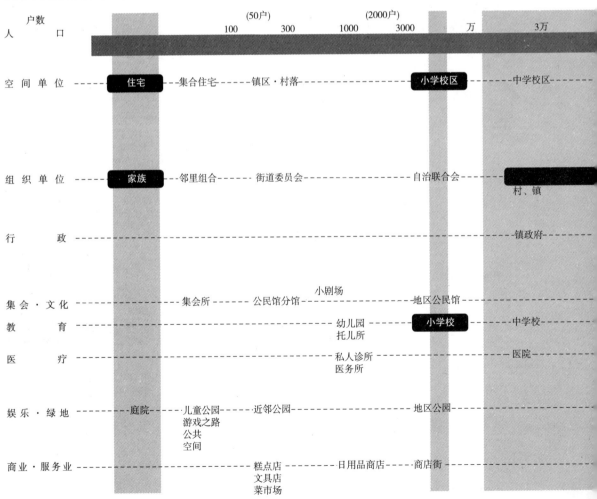

图6.3 居住地的人口、空间、组织、设施的对应

6.1.4 重要的小学校区

C·A·佩里的邻里单位理论为人们所熟知，其城市规划理论是把小学校区作为日常生活的一个完整周期的规划单位来定位。克里斯托弗·亚历山大（Christopher Alexander）也用"7000人的社区"来表达，日常居住者互相认识、作为政治、规划以及福利的单位人口而重视。日本新城的规划人口是1万人到1.5万人，欧美新城的规划人口为0.5万人到1万人的较多。

阪神淡路大地震的经验告诉我们，小学校那样的尺度单位在支撑人类生活上是重要的。小学校本身是重要的避难场所，不仅是广域的避难所，一些狭域的公园、小学校的运动场都会发挥重要作用。凡是步行可以到达的范围，如有教育、医疗福利设施，遇到紧急情况也是十分重要的，这是因为有专家、有完备的医疗设施。因此，对病人、残障人、高龄者、幼儿等社会的弱势群体施以厚爱对策的基础圈域，就是含有住宅的小学校区大小的居住地。

在城市规划学上，往往考虑社区与人们使用设施的对应进行设计，分级构成的思路具有机械地把握的危险性，但是在一定区域规划必要的生活条件时，有必要把这些原则放在心上。例如，有这样的争论，比起一个市里有一个大文化会馆，不如以每个小学校区为单位建一个文化会馆更好。当然并不是说一切都用小学校区单位去考虑，拿公园来说，森林公园那样的大公园就应该在全市、行政区、中学校实现，儿童公园就应该在小学校区设置几个，而在小学校区建造行政服务、商业集散地就太小了。

然而，住惯了的街区构成、有亲切感的景观范围，大体上就是小学校区的尺度，因此，可以说这是居住地规划的一个重要尺度单位。

	10万	30万	100万	300万	1000万	3000万	1亿	3亿	10亿	30亿
大城市行政区				都道府县	地方		国土（日本）	东亚		地球（世界）
				巨大城市						
				大城市圈				欧盟		
					城市链（太平洋地带工业区）				中国	
								美国	印度	
							印度尼西亚			
							巴西			
基层行政机关							国家			联合国
市·特别区							日本			
小城市	中等城市		大城市							
市政府·区政府			县政府							联合国教科文组织
			地方法院		高等法院		最高法院			
中央公民馆·文化会馆										
高等学校·大学										
市立医院			综合医院			特殊疑难病医疗机构				
综合公园			跨地区公园		国立公园			亚马逊河		海洋
								西伯利亚		
百货商店			大城市的中心商业地区							
购物中心			中心商务地区							
中心商业区										
银行分行			银行总部、主要分行							

6.2 旧城和新城

6.2.1 城市和农村，大城市圈

世界上居住地的类型可以说是千差万别，仅就日本而言就有各种各样的居住地。大的分为城市和农村，这两种分类古今中外基本不变，农林渔业和商工业都是按照产业分类，在形态上实现集约居住的是城市。

不仅有区别，从本质上来说，城市和农村也是对立的。农村自然环境丰富，而城市政治经济集中，农村从各种意义上来说都是从属关系。

近代的大城市，从集中工业劳动力开始，发生了城市问题、住宅问题。居住环境向城市人口过密、农村人口过稀的形势恶化。

在日本大正年间（1912~1926）人口向城市集中，第二次世界大战前后停滞，20世纪60年代真正进入人口爆炸的增长期。原因是工业的发达，无法抑制劳动力人口，多数卫星城市人口2倍、3倍地增长就是在这个时期。

20世纪80年代开始情况稍稍发生了变化，城市从工厂劳动力集中的地方朝着第3产业膨胀化的场所转移，商务街成为主流。

现代社会的情况更加复杂，人口的流动整体上是向大城市圈集中，但是大城市圈中的人向着更远的郊外转移，城市中心成为无人居住的商务街，郊外居住地周围逐渐消失在山林中。进入21世纪后，发生了站前的公寓等增加了，郊外居住地空虚了的现象。

在这里，以日本人约半数生活的大城市圈中，大城市的中心部居住地(旧城)和郊外居住地(新城)为例介绍。所谓大城市，是指约100万人以上的城市。人类的居住地周围的景观称为居住景观，对两者进行比较。

6.2.2 旧城的居住景观

在日本把第二次世界大战前的建筑密集排列的街道称为既有市区，即旧城，是历史的居住地。与"商业街(market place)"、"商业区（downtown）"、"城市中心（city center）"等虽有微妙的不同，都是城市中心部

① 京都市域以18世纪末建设的平安京为底本，16世纪末丰臣秀吉进行了大改造。成为日本大城市的原型。明治维新迁都后，京都致力于染织和陶艺等工业振兴，作为工业城市复活，在棋盘格式的城市规划上排列建设的商住住宅群，吸收了工业功能，创造了一边工作一边居住的职住一体的城市建设，随着业务的地域化进展，城市被高层公寓、停车场所侵蚀。但是低层高密度的市区以约东西300公里，南北5公里的规模呈现。

② 欧洲大陆以及英国都有许多历史城市。爱丁堡（左）是苏格兰的古都，作为中世纪的城堡城市中心部拥有18世纪新古典的建筑构成的市区。约克、巴斯等小城市的中心部也有不少地区拥有由来已久的老城区。巴斯（右）自罗马时代开始就是有温泉的度假地，与18世纪的新古典街景融合在一起。爱丁堡、巴斯都成为世界遗产。

③ 波士顿是在美利坚合众国中最具欧洲景观的城市。波士顿市人口有50多万人，大城市圈的人口达500万人，市中心的昆西市场（左）成功地复活了mall（郊外大规模购物中心）型的专业店铺群。此外开通了近邻欧美城市罕见的高架高速公路，随后为改善景观被拆除。（右工程中的照片）

① 京都的都心居住地

② 英国的世界遗产市区

③ 商业街的复活（波士顿）

图6.4 旧城

的称呼。

旧城具有代表性的地方有元町、本町等地名在各地可以看到。这些有着个性和来历的地名，充满着美不可言的风情、人情的传说，是在杂乱无章中可以感觉其空间秩序的场所。大城市型的观光，名胜古迹多的城市是历史城市的中心部。

城市景观优秀的例子在全国各地的旧城可以看到，京都市的城中心居住地称为小京都的城市中心部为首，有奈良县橿原市的今井町，岐阜县高山市中心部等，所谓的传统街景在各地都有保留。也有由于远离交通中心，而保留下来的街景成为保护对象的，或几乎都是非农业从事者的商工业者居住地，是商业和工业并用的住宅群。

① 洛西新城距京都市中心10公里，位于京都市的西南部，是京都最初的新城。1969年开始建设，以改修小畑河为首，试图引入许多的绿地、文物。没有采用高速铁路，主要交通手段是公共汽车，按照邻里单位理论1住区（小学校区）的面积为70公顷，人口1万人，规划了4个住区，高层、中层、带阳台的两层楼公寓、独立住宅，配建在各个住区，也有"you-court"那样的协议共建的住宅（右）。

② 千里新城是1960年规划的日本最初的新城，距大阪中心部约15公里，规划人口15万人，有北、南、中央3地区。1962年开始后经历了约50年，迎来了住宅改造、重新建设的时期。照片（右）是千里新城中央地区中心的广场，1970年开始启用，1991年更新改造。人口高龄化在进展，目标不是作为到大阪去上班的卧城，而是作为成熟卫星城市整合成自立的城市。

③ 汉普斯黛田园郊外是按1906年雷蒙德安文的规划实现的。与莱奇沃斯那样的田园城市不同，近邻伦敦中心部。前庭比较宽阔的独户住宅构成的景观，成为英国城市的住宅地理想型，地域整体设计具有统一性，也含有作家的设计的住宅，对公园、绿道都进行了精细地设计。

大阪的中心部过去以"水都"之美而引以为豪。大正时期由于贫民窟的形成、发生煤烟事故，电铁公司开发了郊外居住地，强调了其美丽。那以后大阪的中心部的景观逐渐变得荒凉。在京都的中心部，与其他日本的大城市不同，中心部的居住地都比较稳定地持续至今。

在欧美，比日本有更多的城市中心部旧城再生的时机。重新评价城市中心部的中小商工业的价值，更人性化的居住地的形态带动了文物保护。

6.2.3 新城的居住景观

与职场的建设并行的欧美的新城相比，日本郊外居住地、卫星城市更适合称作卧城。1960年代的高度成长期，与"团地（小区）族"的流行语一起传播新生活形

象的同时，大城市的郊外居住卫星城市快速发展起来。

但是在生活空间的层面，以学校为代表的生活配套设施的不足非常严重。其景观是留下悲惨的开发痕迹，裸露的山脉、无机感的建筑排布。即使这样，30年后树木生长起来，其景观变得深邃、融合了。因此，让景观充实的是人的居住行为。

现在，随着居住者的高龄化，居住者团体的力量也增加了。从积极的意义上讲是伴随着居住地成熟了，街区建设运动高涨起来。配建缺失的图书馆等生活配套设施、保护周围的自然环境等运动也有先驱性例子。但是没有这些居民约束力的郊外居住地被放弃成为危险场所的可能性较高。

① 京都的洛西新城

② 千里新城的商业中心

③ 汉普斯黛田园郊外

图6.5　新城

6.3　居住地规划的历史

6.3.1　居住地的规划

所谓规划就是预测未来，事前找出解决办法。有着比独立住宅更复杂要素的居住地规划是什么呢？

农业有必要对土地进行规划，农田、聚落的形式接受气候的挑战，要控制山川河流的自然，连洪水的周期都要计算在内来规划农田和聚落，与水的利用有关的农业有着悠久的历史。

城市也是如此，古代城市国家罗马也凝结着包括上下水道的城市形态的各种智慧。亚洲的里坊制度、城下街的城堡、住宅、工商业的布局等，可以看出出于当政者的某种规划思想，各个时代由于国家、地域的经济背景，以及军事上的意义，形成独特的城市形态。

经过产业革命，19世纪出现的城市规划的行政体制，使国家、自治体的业务高度化，换言之体现在统治的高度化中。

6.3.2　近代城市规划的出发点

近代城市规划法，区别于产业革命以前当政者的城市建设。在此概观一下资本主义社会的城市规划的历史。

首先，关注城市规划的是空想社会主义者罗伯特·欧文等。从他们的思想出发，主张农业和工业的复合、体力劳动和脑力劳动结合、幼儿教育的必要、鼓励生活的集体化，还有为实现理想而展开的城市具体事业。这些空想的社会主义者的思想

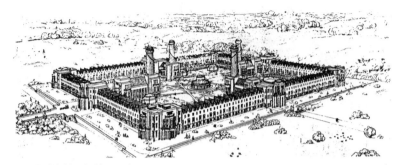

图6.6　欧文的理想村
空想社会主义者们为改善工厂工人的生活环境尝试建立了若干个实验村。

图6.7　巴黎大改造
奥斯曼将迄今的街区拆毁，建设几条贯通街区的大道。19世纪末的巴黎的鸟瞰图。从中央协和广场至凯旋门的香榭丽舍大街。

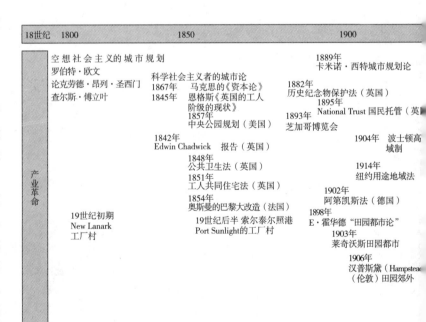

18世纪　1800		1850		1900	
产业革命	空想社会主义的城市规划 罗伯特·欧文 论克劳德·昂列·圣西门 查尔斯·傅立叶	科学社会主义者的城市论 1867年　马克思《资本论》 1845年　恩格斯《英国的工人阶级的现状》 1857年 中央公园规划（美国）		1889年 卡米诺·西特城市规划论 1882年 历史纪念物保护法（英国） 1895年 National Trust 国民托管（英国） 1893年 芝加哥博览会	
		1842年 Edwin Chadwick　报告（英国） 1848年 公共卫生法（英国） 1851年 工人共同住宅法（英国） 1854年 奥斯曼的巴黎大改造（法国）		1904年　波士顿高域制 1914年 纽约用途地域法 1902年 阿第凯斯法（德国）	
	19世纪初期 New Lanark 工厂村	19世纪后半 索尔泰尔照港 Port Sunlight的工厂村		1898年 E·霍华德"田园都市论" 1903年 莱奇沃斯田园都市 1906年 汉普斯黛（Hampstead）（伦敦）田园郊外	

图6.11　近代城市规划的历史

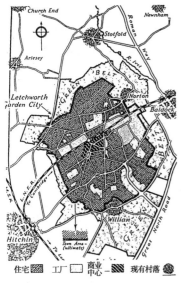

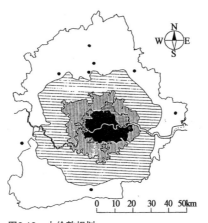

图6.10 大伦敦规划
雷蒙德·昂翁（Raymond Unwin）制定的大都市圈规划。黑得部分是伦敦市，其周围是内环地区、郊外地区、绿化带、周边地区（其中的点是卫星城）。

图6.8 莱奇沃斯
最初的田园都市。位于伦敦以北50公里。

图6.9 霍华德的田园都市论
在农地中的城市街区，中央公园的周围布置了住宅群，外侧有工厂和市场。
设定人口32000人。

被马克思、恩格斯的科学社会主义所继承。阐明了城市形态的理念，特别是要消解城市和农村的对立，说明资本主义体制搅乱了人类生活赖以生存的生态系统等，成为现代街区运动的理论基础。

19世纪后半叶，与伦敦并行，世界城市巴黎也有了新的动向，这就是拿破仑三世时代的Seine县知事奥斯曼巴黎大改造的规划。后来成为各国展开再开发的端绪。将中世纪的曲折小路改成大马路，高层集合住宅林立，形成今日巴黎的景象。

6.3.3 20世纪的展开

1909年英国出台了真正的城市规划法。10年后影响到美国、日本。特别值得一提的是德国也开始了称作Adikesu法的土地区划整理事业。

进入20世纪，相继实现了几个田园城市论所提倡的城市。第二次世界大战中大力倡导大城市圈规划、大伦敦计划，继承田园城市论建设了新城。

总结19世纪后半到20世纪前半这些规划的城市建设伟业，可以得知它是为解决工业和工场工人由于大城市的集中所引起的资本主义社会的矛盾，以及为进一步推进资本主义而产生的体系。

城市规划事业，一方面是为战争灾害和地震灾害后的复建事业积累了经验，成为背景的居住地的问题，几乎都是在人口和资本向大城市集中，城市和农村的对立中发生的。围绕着人类应有的居住形态，大城市中心部分和郊外居住地的形态，反复作为重要主题展开，这就是近代城市规划。

	1950	2000	
年	1938年 刘易斯·芒福德的	1977年 克里斯托夫·亚历山大《图式语言》	城市规划论
斯《进化的城市》《都市的文化》	1961年 简·雅各布斯(Jane Jacobs) 《美国城市的生与死》		
1933年 雅典宪章		2004年 景观法	绿地·景观规划
	1960年凯文·林奇 《都市意象》		
规划法			区域规划·地域制
年 英国	1950年 建设标准法（日本）	1968年 新城市规划法（日本）	
年 美国			
年 日本	1950年住宅金		住宅
1941年	融公库法（日本）	2004年 都市再生机构	
会（日本）日本住宅营团	1955年 日本住宅公团		
	1951年 公营住宅法		土地区划整理· 城市改造
年		1968年 城市改造法（日本）	
A·佩里"邻里单位理论"		1963年 多摩新城建设开始	新城建设
年	1946年	1957年 千里新城建设开始	
郊 Welwyn	新城法斯蒂芬（英国）		
城市（英国）	内奇Stevenage 1956年		大城市圈规划
	1944年 Brasília巴西利亚 大伦敦规划		
	全国综合开发规划（日本） 1962年 1969年 1977年 1987年 1998年 第1次 第2次 第3次 第4次 第5次		国土规划

87

6.3.4 现代日本城市规划制度

日本的城市规划法是1919年制定的，1968年进行了较大的修订，对近代城市的风貌有很大影响。

城市规划划分了市区地域和非市区地域，规定了在指定的市区化地域可以建设的建筑类型、即以用途地域制为依据的12种用途地域。分别制定了不可建设的建筑种类、建筑的高度以及容积率。

这成为城市规划行政的根本，还规定了城市规划道路、城市规划公园等位置。

依据城市规划法规定了各地都道府县都有城市规划的权限，而市町村制定有地区规划制度。这个制度规定土地的所有者，居住者可以独自决定建筑高度和用途。1992年出于在市町村范围具体描述规划课题的意图，诞生了城市总体规划的制度。

也有土地划分调整事业、市区再开发事业这种改变特定地域的制度。

以城市规划法的风景地区、景观地区制度为先，文物保护、景观保护也逐渐发展起来。

此外，在日本有最上位规划的国土规划，全国综合开发规划自1962年以来制订了5次，从第1个到第5个全国综合开发规划的国土规划，基本上自始至终是追求高速公路和新干线路网的形成，被评价为助长了城市与农村的对立。2004年景观法的制定是日本城市规划史上划时代的大事。

6.3.5 街区建设运动

行政的城市规划容易与居住者的愿望背道而驰，街区建设的用语意味着居住者为主体描绘街区蓝图的行动。

城市规划、街区建设难以成为居住者关心的事情，其原因往往是信息不能充分公开，时常发生在居住者不知情的情况下，周围街道的景观就变了的情况。

日本的政治长期以来存在着建筑业界和政治家勾结问题，在搁置未决的状态下继续着"土建屋政治（建筑企业左右政治）"，其矛盾造成公共工程的浪费和环境的破坏，引起国民的关注。

以居住者的运动为背景促进了条例的出台、制度的充实。但是行政的城市规划不符合居住要求的很多，可以说无视居住者要求的规划在横行跋扈。

其中街区建设以居住者为主体考虑地域形态方面，打开了新的局面，主要归纳为5点：①实现人体尺度的居住地——修复型

名称		区域	内容
土地利用（分12类）	居住用地	①第一种低层住宅专用地区	要求保护低层住宅良好居住环境的地区
		②第二种低层住宅专用地区	保护低层住宅的良好居住环境，为方便日常生活，可规划建设小规模商业设施的地区
		③第一种中高层住宅专用地区	要求公寓等中高层住宅具有良好居住环境的地区
		④第二种中高层住宅专用地区	保护公寓等中、高层住宅良好居住环境，允许生活必要的方便设施的建设的地区
		⑤第一种居住地区	尽管属用途混合地区，但限制大型商业设施、商务楼及娱乐设施建设，力求保护住宅的地区
		⑥第二种居住地区	属用途混合地区，有可能特别危害生活环境的除外，保护居住环境的地区
		⑦准居住地区	居住用地内，汽车相关的设施和住宅和谐并存谋求环境的地区
	商业用地	⑧近邻商业地区	具有城市副中心作用的地区，为方便附近居住的居住，增加商铺、办公设施的地区
		⑨商业地区	作为城市的中心地区，为谋求振兴商铺、商业、办公的地区，需要保护和培育的地区
	工业用地	⑩准工业地区	尽管各种用途的建筑物混在一起，但只要不污染其他环境的，为增进工业发展提供方便的地区
		⑪工业地区	住宅及小规模店铺、娱乐设施等混在一起是迫不得已的，主要以振兴工业为主的地区
		⑫工业专用地区	为谋求增进工业的方便，排除住宅、商业等设施，并为之进行规划建设的地区
特别用途地区（土地利用规划内）			中高层楼层住居专用地区、商业专用地区、特别工业地区、文教地区、零售商店地区、商务地区、卫生地区、娱乐、文娱地区、观光地区、特别业务地区，研究开放地区 *以特别目的、提高土地利用，谋求环境保护的地区
高度限制地区（土地利用规划内）			规定建筑物最高或最低限度的地区
高度利用地区（土地利用规划内）			规定容积率的最高·最低限度、建筑密度最高限度，建筑面积的最低限度，墙面位置的地区
特定街区			规定容积率、高度的最高限度、墙面位置的地区
防火、准防火地区			防止市区火灾危险的地区
景观地区			维持市区景观的地区
风景地区			城市中维持自然风景的地区
港湾地区			管理运营港湾的地区

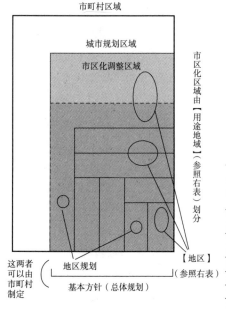

图6.12　城市规划法的结构

街区建设运动，中心部市区的再生、反对引进大型商业的运动。②文物、景观的保护运动——街景的保护运动、文物、著名建筑物的保存运动，反对破坏景观的开发运动。③以无机动车街区为目标，反对建高速公路的运动。恢复路面有轨电车。④自然环境保护运动——反对森林破坏、填埋河川的运动，追求河川的亲水性，重新认识村落。⑤街区建设运动论——各种街区建设运动的网络充实、义工以及NPO(nonprofit or ganizatiao 非政府组织——译者注) 的理论。

船冈山在平安京建设时期，根据风水北是起点。被视为玄武的冈山，是有历史的山丘，曾在此组织了反对运动。2005年在南面山脚下强行进行了公寓建设。

在二层楼建筑街道景观构成的市中心，由于高层建筑和停车场的建设，遭到破坏。加上90年代的不景气，加速了景观的破坏。居民们开展了制定城市建设宪章等活动，这些内容在新景观政策中得到了反映。

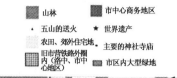

山林　市中心商务地区
· 五山的送火　★ 世界遗产
农田、郊外住宅地。　主要的神社寺庙
旧市营铁路外圈内（洛中、市中心地区）　市区内大型绿地

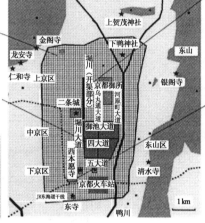

北山
上贺茂神社
金阁寺　下鸭神社　东山
龙安寺
仁和寺　上京区　堀川（开渠部分）
京都御所乌丸大道　河原町大道　银阁寺
二条城　御池大道
中京区　堀川大道　东山区
西本愿寺　四大道
下京区　五大道　清水寺
京都火车站
JR东海道干线
东寺　鸭川

1 km

2009年长期以来居民活动的结果，为堀川引来了水，虽然标准有些过高，成为市中心宝贵的娱乐空间。

梅小路公园，在绿地稀少的市区中心西南部1995年建成的市民期待的中级规模公园。然而，在公园内规划建设私营水族馆，引起群众不满。另外计划使用人工海进行海豚表演。对此反对呼声也很大，认为这与京都不协调，而且会给附近居民的日常利用带来不变。

2007年的京都市的新景观政策

		1990年的街区建设的主张	2007年新景观政策
大景观的继承	●中心部市区整体（历史中心的保护） ●市区和农田的秩序、南部的定位	对大量的传统样式木结构住宅集聚应重新认识其文物的价值，对商务地域化的田字地域（都心居住地的中心部）严格控制其高度、容积率是必要的。 登录世界文化遗产的历史环境协调区域作为有实质内容的制度。御苑、离宫、送神火的五山追加为世界遗产。市区南部是保护市域整体的大景观的重要地带，除了农田确保广阔的非建筑地是必要的。	呼吁盆地景观的保护，根据景观法把"历史性市区"的许多部分作为景观地区。 世界遗产周围的重视，御苑、离宫也赋予同样的定位。南部也有离开景观规划区域的部分，限高并不严格。
中心区的居住景观的修复	●京都风格的都心居住地的景观保护、创造出经常可以看到日常生活、地域文物的状态 ●有序的天际线（建筑控高）	扩大居住者与景观相关的条件。在地区规划、建筑协定、街区建设宪章等方面达成共识，创造可以职住共存的条件，使传统的产业等中小私企的状况透明化。地域文物应注册登记予以保存。 中心部的容积率为4~7，从现状看过高，有必要调整。空地、停车场应修复为小公园等，限制机动车，还原户外生活的自由度。 加强建筑高度的控制，10m——一般中心部居住区；14米——商业功能强的地区；20m——干道沿线，特别是有近代著名建筑的地区；31m——干道沿线，天际线已经整治得比较有序的地区。各地的街区建设的宪章上规定3、4层建筑、高15m左右的限制。	与地域水平景观保护相关的（财团法人）景观、街区建设中心根据景观法的规定指定景观整治机构。扩大美观区（在法规上为景观地区），设有8类型60地区的设计标准。加强对户外广告牌的限制。 指定景观重要建造物（在此之前国家的注册文物制度出台了）。 没有降低容积率（以前容积率多少有下降）。 围绕停车场的设计标准非常详细，此外指出停车场的定位义务应重新认识。 沿"田字地区"的干线道路的建筑物的高度限制从45m到31m，内部从31m到15m，在高度地区的区分上，废弃了45m的地区，细分为10m、12m、15m、20m、25m、31m 6个阶段。
可视绿地的居住景观的充实	●山麓部的山林伸展 ●绿道和中小河川的网络。 ●驻足观看的山景眺望的保护	历史的风土特别保护地区、名胜地区应有更宽泛的指定。一些尺度小的街道、干线道路的步行道、河川沿岸等定位为绿道。 从中心部可以看到山景作为重要条件来定位，限高、顶层退台、广告牌的限制、干线道路和小街交叉口边角线的高度限制。	风景地区的扩大，61地域的地方标准。保护世界遗产的周边的历史环境和山景的眺望景观。 重视驻足观看的景观形成的标准制定。
特定的视线的保全	●地标的表达 ●借景的保全	像巴黎、伦敦那样，限制特别重要的建筑和眺望点结合范围的建筑，确保可以看到送神火大字的状态。 鸭川右岸的美观地区第1种、第2种的宽度较窄，有必要规定宽度为200m左右。此外，东寺周边的美观地区要看到五重塔还有必要进一步扩大，仓敷市的借景条例那样的规定。	保护来自市内38所视线场所眺望景观和借景。 世界遗产等的500m范围作为"近景设计保护区域"严格限制建筑物的形态和设计。

*这里所说的"街区建设运动的主张"是指20世纪90年代京都街区建设市民会议以及新建筑师技术集团京都支部等提出来的建议，1997年由中林浩整理的内容

图6.13　京都的街区建设运动情况　这里列举的是主要的运动，此外还有多样的街区建设运动

6.4　环境共生的居住生活

6.4.1　所谓地球环境问题

有关地球整体的环境问题被大书特书是以 20 世纪 70 年代开始，生产力增大、发达的科学技术的利用、开始扰乱了地球规模的海洋、气候、生态系统，发生了地球变暖、臭氧破坏、森林破坏、海洋污染、放射能污染、生物种类灭绝等一系列问题。

地球规模的环境问题与国际政治不无关系，自古以来，欧美先进国家让发展中国家的人们在经济上处于从属地位，操纵殖民地的种植园农业就是其典型手段，东南亚、南非的热带雨林被大量砍伐，单一作物栽培的农业破坏了生态平衡。至今需要木材的发达国家的跨国企业还在继续破坏森林，已经蔓延到西伯利亚的泰加森林的砍伐。地球的绿地量大大改变，不可逆的破坏仍在继续。

不能忘记环境破坏是以地球规模的速度进展的，受害的发展中国家，特别是社会中的弱势群体受到了重大波及，1996 年第 2 次联合国人居会议（Habitat Ⅱ），提出向大众提供住宅和可持续开发两大主题，其反复强调的是弱者的权利和加强民主主义才是改善住宅现状、拯救地球环境危机的关键。

6.4.2　地球变暖问题

上述问题都很严重，在这里只想集中聚焦在居住这一人类行为本身所带来的地球变暖

的问题，这是因为它具有不局限于多样化地球环境问题的一个方面的内容。21 世纪世界的动向应该是以抑制地球变暖、削减二氧化碳为中心展开，为什么地球变暖是最大的问题，它关乎人类的整个生活、国家的经济状态本身的控制，关系到二氧化碳的排放量、石油的使用量即能源消耗量。对二氧化碳排放量抑制是困难的，另一方面也有简单易懂的指标。

看看温暖化的危害严重到何种地步，由于南极、高山的冰川

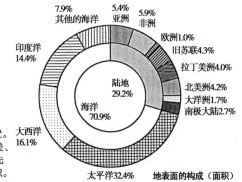

· 海洋占70%，环保上占有重要位置。
· 陆地中欧洲、澳洲和旧苏联、北美、大洋洲的一部分人口密度高。成为先进国家，地表面上来说有10%的面积。
· 大城市圈的面积估算
人口200万人以上的大城市圈约110~300个。平均按300万人计共计4亿人
大都市圈面积为20km见方400km²

$$\frac{大都市圈面积}{地球表面积} \frac{400km² \times 120}{5亿1千万km²} \frac{48000}{5亿1千万} ≈ 约1万分之一$$

即如何控制面积1万分之一的人口不到10%居住的大都市圈的结构，是防止地球变暖的关键

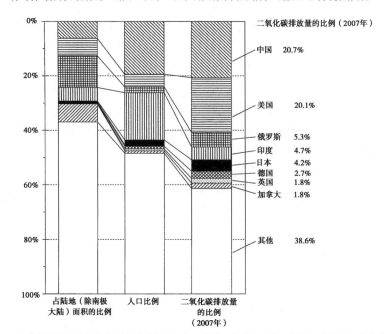

二氧化碳排出量中国和美国在全世界占40%，俄国、印度、日本、德国、英国、加拿大为前8位，占60%，从中国人口比例的平均排出量来看，美国的人均排出量相当多，日本位于第5位应负4.2%的责任，人口的占比大，排出量也多。

图6.14　地球变暖的责任

开始融化带来陆地的消失，平均气温上升2℃就会带来生态系统的根本性的改变，对农业毁灭性的破坏以及传染病的蔓延令人担忧。可以说是关乎人类生死存亡的大问题。1997年在京都召开的防止第3次气候变动条约缔结国会议，难产的结果决定，2008年到2012年之间发达国家平均削减5.2%，回到1990年水准。但是要防止温室效应需要有更大幅度的削减。

6.4.3　重新审视居住地政策

抑制二氧化碳的排放，大体有3个方面：

第1，开发利用风力和太阳能等自然能源的技术，即不使用化石燃料的发电。第2，减少供电、产业能源利用的消耗，提高能效。第3，实现节能的城市形态、城市生活。为了让各方大大减少二氧化碳的排放，依靠国际协力的努力是必要的。

特别是第3点正是居住地的形态和居住生活的课题。有必要重新改变现代人的居住生活，这不是一个强迫"随手关灯"，"回到不方便的生活"的禁欲式的说教问题。把这个观点普及到市民是很重要的，但是如果不把削减的效果上升到城市结构的高度这个论调反而很危险。

重要的观点是现代人的生活方式是被强加的，这点与城市生活特别是发达国家的大城市圈的抑制二氧化碳的发生密切相关。只占地表很有限面积的大城市圈部分的形态被质疑。

有两个重点，最好改变依赖机动车的城市结构，实现步行者、自行车优先的道路，有必要发展公交车。机动车社会带来的负荷实在太大。另一个是城市形态上的重要课题，开发减少远距离通勤的职住近邻的集约型的居住地，对人类居住生活质量来说，从防止能源浪费的意义上职住近邻、或者职住绿近邻是21世纪重要方向。

日本的行政，在防止温室效应上极其消极，还有这样的倾向，以较少机动车阻塞为由把进行机动车道路的建设作为温室效应对策。以抑制温室效应的视角规划的居住地形态，才是带来人性恢复、珍重景观和文物的街区面貌，这一观点正在得到广泛的共识。

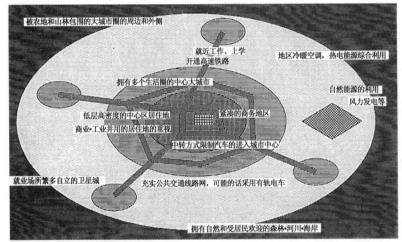

图6.15　为防止地球变暖、大城市圈的应有状态

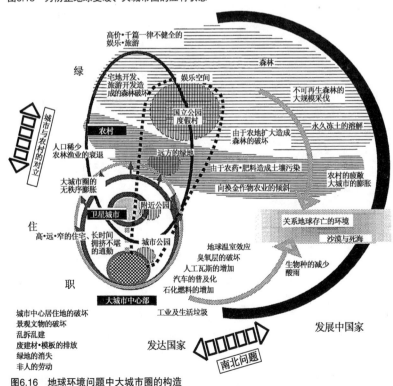

图6.16　地球环境问题中大城市圈的构造

第 7 章

高龄者社会和住居

　　我国正经历着世界上前所未有的高龄社会。但是高龄者的居住环境、"终老居所"，目前还不能满足高龄者的需求。甚至是有损于人的尊严的恶劣环境，得不到合适住房的居住忧患严重困扰着高龄者。

　　据说评价一个社会是否有人文关怀，就要看那个社会高龄者的状况。从这个观点来看日本的高龄者，至少在居住环境层面临着各种问题。生活在现代的我们要解决的问题很多。

　　本章首先思考高龄者处在什么样的居住环境，有何需求。比如一般认为日本的家族"同居志向"强，高龄者真的这样期望吗？身心衰老的高龄者进入特别养老机构的很多。那里是否是度过人生最后阶段的理想居所呢？

　　然后思考关怀高龄者的设计的基本原则是什么。据说高龄者护理原则之一，因人而异，那么针对特殊人群的场所设计和住居、城市，多数人使用同一场所的设计如何融合，以及就关怀高龄者设计的一般事项和实际展开的情况进行思考。

　　对高龄者来说，住宅也是接受福利服务的场所，因此将来日本应以"在宅福利社会"为目标整合。但是，今天，日本的住宅并不是高龄者能方便生活的状态，有的甚至还存在危险，因此要改变在宅生活容器的形态，尤其是现代的课题。最后也概括一下住宅以外的支撑高龄者生活的居住体系。

7.1 高龄者居住的现状和需求

7.1.1 高龄期的生活基础

如果活得长久的话人类都会迎来高龄期。在这个时期能达到什么样的生活质量，不仅是表明高龄者个人、也表明了社会整个生活水平的指标。

从工作上隐退或退休是高龄期不可避免的结局，因此这个时期一般收入会减少（图7.1），在健康方面，衰老化不可避免，（图7.12、7.13）特别是近年，在核心家庭化的进程中，高龄期的单身、孤寡老人家庭迅速增加（图7.2）。

基于以上背景，现在高龄者的生活基础设施，包括有一定资产的部分人群在内，综合来看不能说是很优越的。

高龄期生活基础设施的建设，成为社会共同关心的问题，是国家、地方政府都应该着手研究解决的课题。尤其是人口结构急剧向高龄化发展的现在（图7.3、7.4，表7.1），作为日本结构性问题，人们已强烈地意识到其课题的紧迫性。

7.1.2 住居的现状

高龄期的生活基础设施内容包括经济、收入、发挥余热的机会，生存价值，家务帮扶等社会服务，与健康保障等并行成为居住和住居的问题。

高龄者多数居家生活，大多数拥有自己的住房（图7.5）。其住房很多是现在高龄者年轻时建造的，质量上不太好的也不少，加之老化。后述的理由

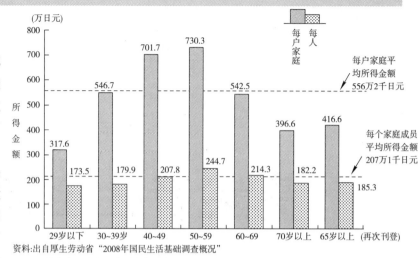

资料：出自厚生劳动省"2008年国民生活基础调查概况"

图7.1 从户主不同年龄层看每户家庭、每个家庭成员平均所得金额

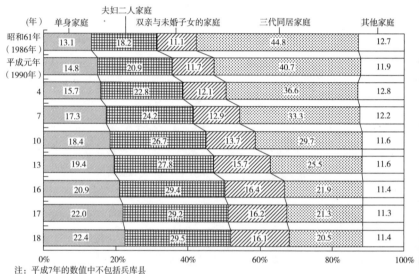

注：平成7年的数值中不包括兵库县
资料：出自厚生劳动省"2006年国民生活基础调查概况"

图7.2 从家庭结构看有65岁以上高龄者家庭数的构成比例的年度推移

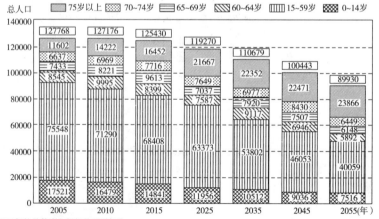

注：2005年的总数中包括年龄不详部分
资料：出自2005年总务省"人口普查"，2010年以后根据国立社会保险·人口问题研究所的"日本将来人口推移（平成18年12月推测统计）"的出生中间值和死亡中间值推测的结果，以及平成22年"高龄社会白皮书"

图7.3 按年龄划分推测的未来人口

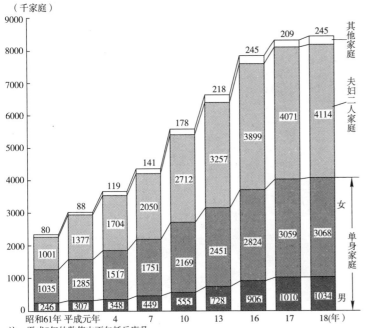

（千家庭）

注：平成7年的数值中不包括兵库县
资料：出自厚生劳动省"2006年国民生活基础调查概况"

图7.4 从家庭结构看高龄者家庭数户数的年度变迁

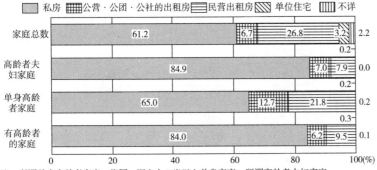

私房　公营·公团·公社的出租房　民营出租房　单位住宅　不详

	私房	公营·公团·公社的出租房	民营出租房	单位住宅	不详
家庭总数	61.2	6.7	26.8	3.2	2.2
高龄者夫妇家庭	84.9		7.0	7.9	0.2 / 0.0
单身高龄者家庭	65.0	12.7	21.8		0.2 / 0.2
有高龄者的家庭	84.0	6.2	9.5		0.3 / 0.1

注：所谓单身高龄者家庭，指同一调查中65岁以上单身家庭，所谓高龄者夫妇家庭，
　　指65岁以上夫妇家庭，所谓有高龄者的家庭，指家庭中有65岁以上高龄者的家庭。
资料：出自总务省"住宅·土地统计调查"（平成15年）

图7.5 住宅所有关系

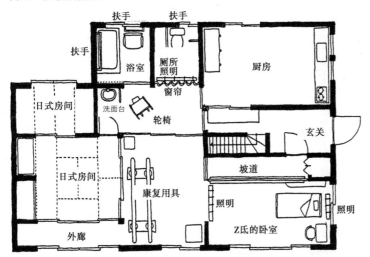

图7.6 Z氏（67岁，男）住宅平面图（图：岩崎安希子·佐竹 晃子）

造成不适合高龄者居住的情况很多。因此，为顺利度过居家养老的生活，有必要进行住宅改造，而且成为重要课题。

居住在民间企业的租赁房的高龄者也不少。由于房东对高龄者敬而远之，也有被赶到条件较恶劣的住房的例子。特别是独身生活的高龄者这种倾向更为明显。有时还会出现得不到住房的情况。为了消除高龄期对"终老"的不安，有必要考虑安居的对策。

也有很多居住在医院的高龄者。医院原本是治疗机构，都是以出院为前提的，轻视在医院的生活是不对的，但是医院并非是长久滞留和生活的场所。然而由于出院后无家可归，出现了住院、转院持久化的现象，有必要制定可以让高龄者安心出院的合理的居住政策。

特别养护老年之家，是为需要持续护理的高龄者而建的居住设施。为这些高龄者提供的生活场所，在高龄化快速进展中，要求大幅度的扩充，目前的特别护理从生活的层面来看，存在着缺少私密、人数过多等问题，正

图7.7 Z氏的卧室（摄影：与图7.6相同）由于脑梗塞左半身麻痹，由于绿内障视力接近失明状态，卧室（照片上部）与改造的厕所设置了特别照明，知道物品摆放位置。内装玻璃更换成有机玻璃板，Z氏的行动范围为无障碍设计，浴室也进行了改造，可进行康复治疗和紧急呼救。

在朝着单间化、单元化（生活的单位缩小）方向发展。

护理老人院，是为那些虽然没有特别护理那样照护的必要，但出于某些原因不能在一般住宅生活的高龄者提供的居住场所，作为生活的场所与特别护理有同样的问题。现在增设在政策上被叫停，取而代之的是建设带有护理的住宅。

7.1.3 高龄者的居住需求

日本的高龄化的特征为峰值达到前所未有的高度，速度极快（图7.8，表7.1），稀少化（含所谓城市中心的人口稀少）在持续发展的地域，高龄化更加突出（表7.2）等。（图表中的"高龄化率"是指65岁以上的人口占整个人口的比例）。

在这种高龄化中，合理的居住政策的确立是必要的，以高龄者的需求为基础是根本。高龄者的居住需求除了住宅本身可以方便养老生活以外，还有以下三点：

第一，定居志向。不仅是"想继续住在住惯了的地方"的心境问题，定居就是依靠长久以来培育的人际关系、倍感亲切的地域的各种设施、地域的社区进行生活等，有着实质上的优势。

迁居（relocation）除非住宅、环境恶劣、不进入设施就无法生活自理的情况以外，原则上最好尽量避免，因为迁居带来的影响（relocation effects）容易导致高龄者不好的后果。

不得不迁居时，尽可能在原住宅区的附近，住居内外的

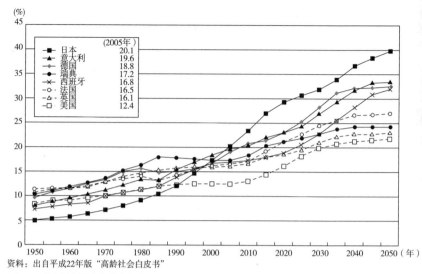

资料：出自平成22年版"高龄社会白皮书"

图7.8 发达国家的高龄化率的变化及预测

65岁以上的高龄者占总人口比例的变化　　表7.1

| | 65岁以上的高龄者占总人口的比例 | | | | | | | | | 变化幅度 | | | |
	1985年	1990年	1995年	2000年	2005年	2010年	2015年	2020年	2025年	1985~1995年	1995~2005年	2005~2015年	2015~2025年
日本	10.3	12.1	14.6	17.4	20.1	23.1	26.9	29.2	30.5	4.3	5.5	6.8	3.5
美国	11.9	12.5	12.7	12.4	12.4	14.5	14.1	16.3	18.2	0.7	−0.3	1.7	4.1
英国	15.2	15.7	15.9	15.8	16.0	16.7	18.4	19.5	20.8	0.7	0.1	2.4	2.4
意大利	12.9	14.7	16.5	18.1	19.5	20.4	22.0	23.2	24.9	3.6	3.0	2.5	2.9
韩国	4.3	5.1	5.9	7.2	9.1	11.0	12.9	15.6	19.9	1.6	3.2	3.8	7.0
新加坡	5.5	6.0	6.5	7.2	8.2	10.1	13.5	17.8	22.8	1.0	1.7	5.3	9.3

资料：出自日生基础研究所《经济调查报告2007—03》。

除了截止到2005年总务省《人口推测资料》外，根据各国政府统计的实绩值、2010年以后国立社会保障·人口问题研究所《日本未来推测人口（平成18年12月推测）》以及各国政府的预测值，只有新加坡的预测值依据United Nations "World Population Prospects The 2006 Revision"。

各都道府县的高龄化率（左：2009年）和对其未来的推算（右：2035年）　表7.2

| | 2009年 | | | 2035年 | |
顺序	都道府县	高龄化率（%）	顺序	都道府县	高龄化率（%）
1	岛根	29.0	1	秋田	41.0
2	秋田	28.9	2	和歌山	38.6
3	高知	28.4	3	青森	38.2
4	山口	27.5	4	岩手	37.5
5	山形	27.0	5	北海道	37.4
6	岩手	26.8	5	山口	37.4
7	和歌山	26.7	5	高知	37.4
8	德岛	26.6	5	长崎	37.4
⋮			⋮		
	全国平均	22.7		全国平均	33.7
⋮			⋮		
43	滋贺	20.2	43	京都	32.3
44	埼玉	20.0	44	神奈川	31.9
44	神奈川	20.0	46	滋贺	29.9
46	爱知	19.8	46	爱知	29.7
47	冲绳	17.5	47	冲绳	27.7

资料：根据平成22年《高龄社会白皮书》整理。

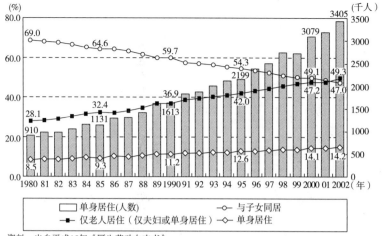

资料：出自平成15年《厚生劳动白皮书》

图7.9 高龄者和子女同居的情况（按年度推移）

图例：
- □ 单身居住（人数）
- ○ 与子女同居
- ■ 仅老人居住（仅夫妇或单身居住）
- ◇ 单身居住

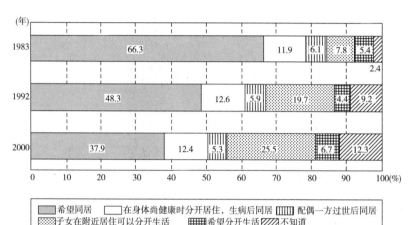

资料：出自平成15年《厚生劳动白皮书》

图7.10 关于与子女同居·分居的意向（65岁以上）

图例：
- 希望同居
- 在身体尚健康时分开居住，生病后同居
- 配偶一方过世后同居
- 子女在附近居住可以分开生活
- 希望分开生活
- 不知道

资料：出自国土交通省住宅局《平成15年住宅需求实态调查》

图7.11 关于高龄期与子女的居住方式的意向

与子女同居（包括两代居住宅）14.9%
与子女同住一个小区或同一栋楼（长条平房、楼宇）的其他住宅 6.1%
与子女住同一个市、町、村 11.7%
无所谓 8.0%
无子女 33.2%
不知道 8.7%
13.1%
4.3%
希望就近居住 17.8%
住在子女附近（步行10分钟内）
不明

气氛选择与原居相似的为好。

第二，近居志向。与自己的孩子，保持不远不近的距离是高龄者的最佳选择。高龄者想依靠自己孩子的事情，无非是紧急情况时的照顾和护理，以及日常的精神慰藉，因此没有必要一定要同居，同居容易带来与年轻一代的瓜葛和摩擦，因此许多高龄者希望邻居和近居。

在欧美城市，高龄者单身、夫妇的附近有亲属居住，日常可以交流的居住形态广泛存在，一般用 intimacy at a distance（有一点距离的亲密）一词来表达（工业化三国的高龄者，1968），或者有的学者称之为"扩大家庭"（extended family）。

第三，年轻一代与高龄者以适当比例混合的社区，是许多高龄者的愿望。只有高龄者的集聚，所谓聚居地形式的志向不强。聚居地形式的居住形态，不仅不符合后述的平等化（normalization）的理念，实际上，比如被视为美国老年社区的成功案例的太阳城，出现了高龄者痴呆症的发病率比其他地区高的现象等，问题很多。

北欧等福利大国的方向是尽量避免把高龄者集中在一起的居住形态。即便是带有护理的住宅等，也不是把许多高龄者集中在一个地方居住的大规模集中，而是小规模的分散。

7.2 加龄和设计上的关怀

7.2.1 加龄和设计的根本

如前所述"高龄化"的概念，是高龄者在某一社会人口中所占比率增大，对此"加龄"是指个人的年龄增加。

加龄到一定的程度就称为高龄者（the elderly），在统计上一般 65 岁以上就是高龄者。"高龄者"是单纯以年龄为基准而言的，而"老年人"（old people）是意识到衰老现象的称呼。考虑住居的形态，因此不是加龄本身，是伴随着的衰老现象（图 7.12、7.13）是问题的核心。因此，住居与衰老的对应关系不发生尖锐的冲突，是设计考虑的核心。

关键是由"平等性与加龄对策"，"居住性""安全性"3个概念构成的（图 7.14）。三个概念中过分强调某一项，对高龄者来说都不会获得好的设计结果。

平等性通俗易懂的解释就是"人人可以过普通人的生活，尽量用普通的手段创造环境条件"。基于这个理念的设计就是如图 7.15 所示的定义。在内容上"个别应对设计"和"通用设计"的两方面都很重要。从这两点切入的平等性就可以达到设计的效果。

住宅、居住设施的设计一旦适用平等性的理念，如图 7.16 所示由多样的概念内容构成。关于加龄对策下一节再谈。

安全性，对高龄者来说是

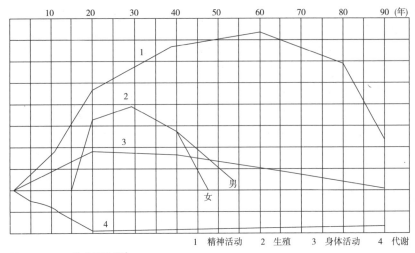

图7.12 Struts的生活曲线[1]

1 精神活动 2 生殖 3 身体活动 4 代谢

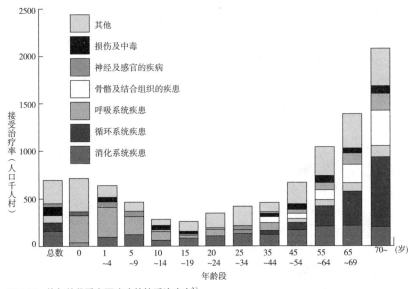

图7.13 从年龄段看主要疾病的接受治疗率[2]

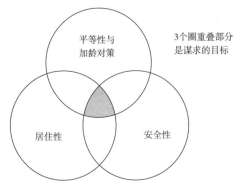

图7.14 体现对高龄者关怀的住宅设计的基本

至关重要的，如果是年轻人就可以避免的危险，对高龄者来说也许会引起重大事故。反之考虑了高龄者的安全性，就意味着对谁都是安全的。

居住性，不仅限于高龄者，是住宅、建筑设计的终极目标。特别是对高龄者来说，其居家时间长，提供心情舒畅的住居、居住空间就会极大地左右其生活品质（QOL:quality of life）。

一般把考虑高龄者、残障人的设计称为“无障碍设计”（barrier-free），就是“没有障碍”的意思，减少容易妨碍高龄者生活的部位等观点。从以上三个构成要素来看，可以说无障碍设计就相当于平等性的一部分和安全性的一部分。

7.2.2　加龄对策的内容和姿态

由于加龄的变化，与此相应的设计考虑的内容非常之复杂，如表 7.3 所示。

表 7.3，只列举了考虑的事项，以及与此配套的具体技术等，在本章其他章节作基本的叙述，更详细的内容近年出版

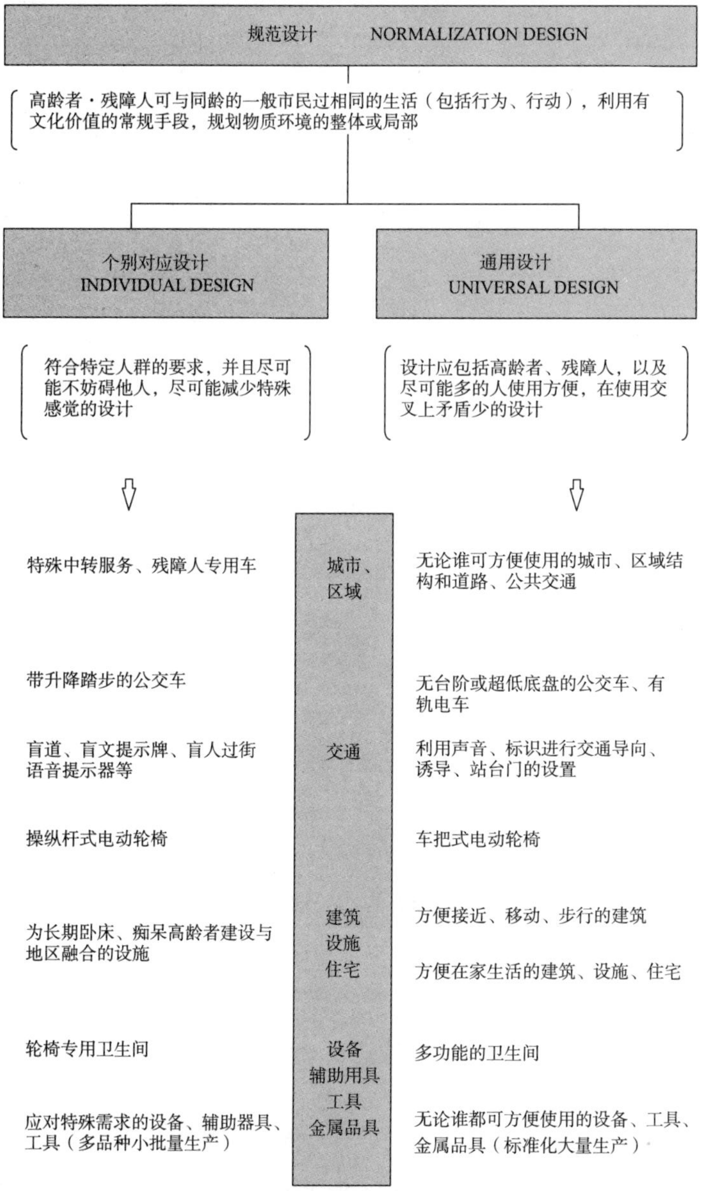

规范设计　NORMALIZATION DESIGN
高龄者・残障人可与同龄的一般市民过相同的生活（包括行为、行动），利用有文化价值的常规手段，规划物质环境的整体或局部
个别对应设计
INDIVIDUAL DESIGN
通用设计
UNIVERSAL DESIGN
符合特定人群的要求，并且尽可能不妨碍他人，尽可能减少特殊感觉的设计
设计应包括高龄者、残障人，以及尽可能多的人使用方便，在使用交叉上矛盾少的设计
特殊中转服务、残障人专用车
城市、区域
无论谁可方便使用的城市、区域结构和道路、公共交通
带升降踏步的公交车
无台阶或超低底盘的公交车、有轨电车
盲道、盲文提示牌、盲人过街语音提示器等
交通
利用声音、标识进行交通导向、诱导、站台门的设置
操纵杆式电动轮椅
车把式电动轮椅
建筑
设施
住宅
方便接近、移动、步行的建筑
为长期卧床、痴呆高龄者建设与地区融合的设施
方便在家生活的建筑、设施、住宅
轮椅专用卫生间
设备
辅助用具
工具
金属品具
多功能的卫生间
应对特殊需求的设备、辅助器具、工具（多品种小批量生产）
无论谁都可方便使用的设备、工具、金属品具（标准化大量生产）

图7.15　适应残障、高龄者规范设计的构成内容和案例

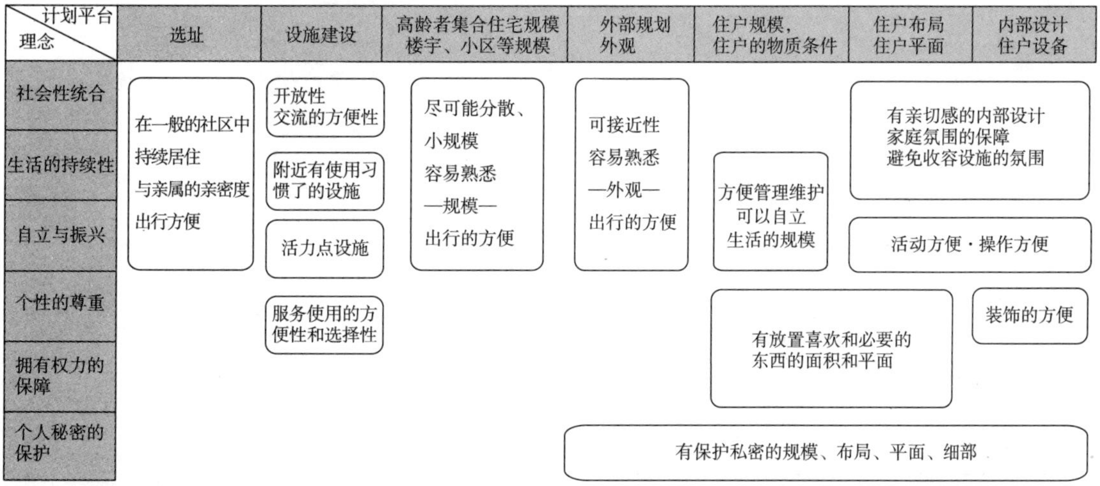

计划平台
理念
选址
设施建设
高龄者集合住宅规模
楼宇、小区等规模
外部规划
外观
住户规模，
住户的物质条件
住户布局
住户平面
内部设计
住户设备
社会性统合
生活的持续性
自立与振兴
个性的尊重
拥有权力的保障
个人秘密的保护
在一般的社区中
持续居住
与亲属的亲密度
出行方便
开放性
交流的方便性
附近有使用习惯了的设施
活力点设施
服务使用的方便性和选择性
尽可能分散、
小规模
容易熟悉
—规模—
出行的方便
可接近性
容易熟悉
—外观—
出行的方便
方便管理维护
可以自立
生活的规模
有亲切感的内部设计
家庭氛围的保障
避免收容设施的氛围
活动方便・操作方便
装饰的方便
有放置喜欢和必要的东西的面积和平面
有保护私密的规模、布局、平面、细部

图7.16　基于规范设计理念的住宅・居住设施设计的概念

加龄带来的机能变化		行动的特性	住宅、居住设施设计的考虑
生理的机能	脑的变化	身体反应速度下降	应对急速行动的危险
	肺的变化	肺活量的下降、持久力的下降，容易疲倦	适当的休息场所的确保，方便午休的场所的考虑
	心血管的变化	血压容易升高，容易引起立性低血压症，脑中风等危险	减少行动勉强的场所，注意冷热温差，不要受凉
	肾脏的变化	有尿频倾向，易失禁	留意厕所等场所
	呼吸器官的变化	气管炎，易患哮喘	保持头冷足热，留意温热环境
身体的机能	骨·关节的萎缩·曲张·僵硬化·老化·骨质疏松症·风湿病	身高缩短，高处够不到	尽量避免使用高处
		步行困难	注意伸臂动作，特别是高处和低处
		站立、坐下、弯腰困难	留意起居方式和椅子的设计
		抓、握困难	门、龙头等操作简便
		骨质脆弱、易骨折	地面材料等应考虑防绊倒
	肌肉力量的下降	身体支撑困难、握力下降	考虑必要的地方安装扶手
		步行迟缓	留意自动门的等速度
		步行时，抬腿少了，易跪倒、摔倒	尽量取消高差，留意地面材料的防滑防绊
感觉的机能	视觉的变化	难以看清，对眩光较弱	避免提高照度的眩光
		黄色等看不清（黄变化）	充分考虑标识规划
	听觉的下降	特殊高音区听不清	考虑声环境、活用在视觉等
	嗅觉等的下降	气味、味觉难以分辨	设置煤气泄漏的通报装置
	温热感觉等变化	对温度、疼痛感觉下降	留意温热器具供热的温度
	平衡感觉的下降	保持姿势困难、容易摔倒	不稳定的地方安装扶手、座椅
精神的机能	脑的变化	记忆力减退，容易忘事	储藏应有方便的设计
	经验的积累	依据丰富的经验提供判断材料	家庭、社区的作用
	痴呆症·认知障碍等	难以预知危险，容易出错	安全、易懂的环境设计
		目标空间位置的感觉下降	有特征、便于认识的环境设计
		难以到达目标场所	位置设定和便于路径探索
		有人出现徘徊行动	安全且便于位置确认的环境
		大声、暴力、收集等的异常行动	可视的、家庭式的环境
		出现玩弄、揪花等小的破坏行为	魅力的环境设计、破坏对策
		平时不吃的东西开始吃了（异食）	吃了有危险的东西放在不易拿到的地方
		容易失禁	厕所的易识别、注意清扫
社会的机能	个性	依存度增加、孤独感增加	居住设施宜选在一般市区
		自立志向、充实人生的志向	丰富的地域设施和地域环境
	生活结构的变化	在宅生活变长	充实的住宅空间的必要
		收入下降	价格低廉便于维护管理的住宅
	适应力的下降	不能适应环境的突变	在住惯了住宅区生活

图7.17 可以看到对面动向的门（我的家宇奈月养老院）

图7.22 阳角明显的楼梯踏步（熊本县立美术馆，设计：前川国男）

图7.18 取消榻榻米房间和西式房间之间的小高差（大阪新町养老院）

图7.23 不需要蹲下可以使用的插座（英国福利院）

图7.19 方便被褥轻松放入、取出的壁柜（宝塚伊甸苑养老院）

图7.24 弯弯曲曲的墙扶手

图7.20 操作简单的门内暗锁和门把手

图7.25 视觉障碍者容易碰撞的墙体

图7.21 扶手的连续性。自动门开闭缓慢（瑞典某带服务的住宅）

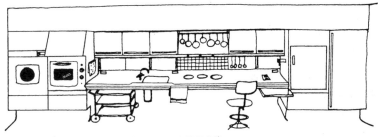

图7.26 John Prizeman建议的面向老年人的厨房[3]

了许多文献，可供研究。

设计关爱高龄者的住宅时，最根本的重要姿态是从高龄者的需求出发，将以往作为"常规"的技术，"解决方法"等进行一次重新研讨，按照高龄者的需求研究新的技术路线。

在这点上，近年在"关怀高龄者"的理念下围绕住宅、建筑设计，新的创意和技术不断产生出来。其中一部分在新的阶段逐渐成为"常规"。

即便是打破以往的常规，但是把扶手作为雕刻来制造（图7.24、7.25）等是超越建筑设计范畴的行为，不是令人满意的态度，因为设计和艺术是不同的。

根据需求逐个去钻研、改善，以这种做法（图7.17~7.23）为起点，就会产生新时代的住宅设计和建筑设计。在"考虑高龄者、残障者的需求"的契机下，目前从工具层面到城市层面围绕着设计正在孕育新的可能性（图7.26）。

7.3 住宅设计的实际

7.3.1 平面

含高龄者在内的家庭构成如图 7.2 所示，分单身（独身）、高龄者夫妇（两人）、或者与年轻一代同居（三代）等，平面的构思因住户不同而不同，单身家庭有起居室、卧室、餐厅等集中在 1 个房间，所谓零居室形式，据说这对身体障碍者来说十分方便，但是面积小了，生活容易混乱，保证一定的面积是必要的。

英国的希尔塔特住宅，瑞典的服务住宅，福利先进国家的带照护的高龄者住宅以公营形式大量提供，面向单身设计的户型每户 $30\sim50m^2$ 大小，在丹麦单身和夫妇没有区别，一般提供约 $50m^2$ 的住宅（图 7.27）。

只有夫妇的家庭，卧室不与其他房间兼用，有独立的房间，这对避免生活的混乱有意义。两家庭（3 代）同居的住户虽在减少，但是作为基本住户构成暂时还有保留，这时两个住户共用哪个房间决定了相互的关系（图 7.28）。

"玄关碰面型"是相互分离，独自经营生活的形式，相当于近邻。

"DK 分离型"在老少家庭中，考虑到就餐的场面、时间、嗜好等差异，虽然同居尽可能确保这个程度的分离。

"居室分离型"只确保高龄者专用居室、专用厕所的形

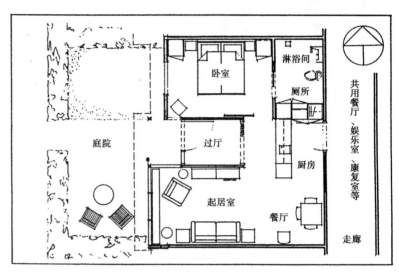

图7.27 供1~2位老人居住的住宅（丹麦高龄者住宅，设计、图纸：Aeryk·arell）

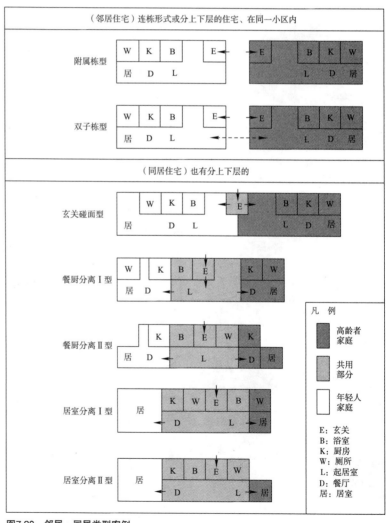

图7.28 邻居·同居类型案例

102

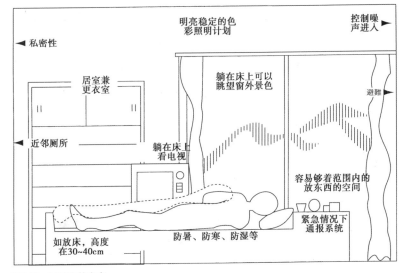

图7.29 对卧室的考虑

图中标注：
- 私密性
- 明亮稳定的色彩照明计划
- 控制噪声进入
- 居室兼更衣室
- 躺在床上可以眺望窗外景色
- 避难
- 近邻厕所
- 躺在床上看电视
- 容易够着范围内的放东西的空间
- 紧急情况下通报系统
- 如放床，高度在30~40cm
- 防暑、防寒、防湿等

图7.30 单身高龄者（男）床的周围（图7.27的住户）

图7.31 从卧室看到窗外的鸡和绿地（特养爱知太阳杜）

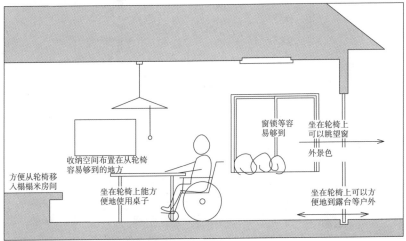

图7.32 对轮椅使用者的考虑

图中标注：
- 窗锁等容易够到
- 坐在轮椅上可以眺望窗外景色
- 收纳空间布置在从轮椅容易够到的地方
- 方便从轮椅移入榻榻米房间
- 坐在轮椅上能方便地使用桌子
- 坐在轮椅上可以方便到露台等户外

图7.33 窗边有装饰的起居室（瑞典，索伯格·哈巴娱乐室）

图7.34 坐在轮椅上也可以享受窗外景色的起居室（图7.27的住户）

式，这是容易发生代际摩擦的形式。

7.3.2 卧室

很多高龄者不仅夜间就寝，白天也会在起居室躺着休息，睡午觉。而且夜间稍有动静就会醒来。因此就寝空间的环境，要特别用心。

夜间如厕的次数多，厕所应近于卧室，也容易确保照明。

高龄者有在枕边集中各种物品的倾向，这是因为身体不舒服时不用起床可以喝到事先预备的茶水，听收音机，吃药等。

感觉不好时，为通知其他人，备有某种呼叫系统也是必要的。

7.3.3 起居室、餐厅

高龄者有时会在家里度过大量的余暇时间，因此除了庭园中的打理，起居室和餐厅成为主要的居留场所。其空间的舒适、安全、充实非常重要。

在起居室做些趣味的事或工作，为此，该空间的设备很必要。一般高龄者看电视占据大块时间，因此要求把电视放在起居室的适当位置。

高龄期，起坐动作困难，对椅子等坐具的设计要多留意。

高龄者为在家医疗，把康复的器具、工具放在家中的很多（图7.6，图7.7），今后，在住宅福利的方向渐强，这种倾向会不断增加，要求有对应措施。

7.3.4 浴室，更衣室

洗澡，特别是泡澡是日本人的生活习惯之一。但是在澡盆中溺死的事件多有发生（表7.4），浴室对高龄者来说是非常危险的场所。

因此，对安全性要特别细心注意，要考虑到脱掉衣服的状况，冷热水温变化状况，地面容易打滑的状况，要迈入浴缸边缘的状况，洗澡时失去平衡的状况等，针对所有状况需要创造没有危险的环境设计。

比如，洗澡也是放松的时候，因此，在追求安全性的同时还不牺牲舒适性，创造温馨的环境的概念很重要。

更衣室，要求注意冬季的保温，应有就坐的空间（穿衣和脱衣时避免不安定成分，在洗浴后确保休息的场所）。

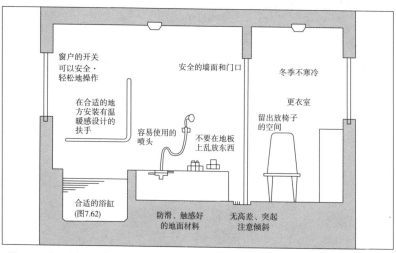

图7.35 对浴室的考虑

7.3.5 厕所

在厕所有脱裤、下蹲、用力等行为，特别是冬季容易引起脑中风等障碍的场所，为避免事故发生应注意以下几点：

①厕所内确保一定温度，注意位置的选择，通过暖气，电热便器的手段保温。

②便器采用坐便（西式），因为蹲式（日式）不但起蹲困难，下蹲的姿势会引起血流障碍，应避免。

③如果是向内开门，在厕所意外跌倒时，常会发生门被憋住打不开的情况，外面的人无法救助，因此尽量避免内开门。

图7.36 养老院浴室的洗澡间和更衣室之间的格栅板

图7.37 最近在特别护理养老院逐步普及的独立浴槽形式（养老院自家人）

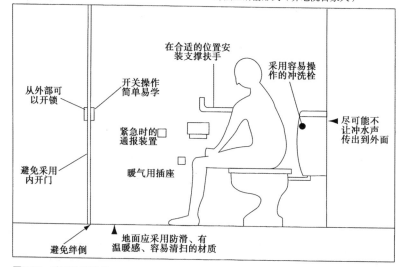

图7.38 对厕所的考虑

图7.39 考虑轮椅使用者的厕所（我的家宇奈月养老院）

图7.40 淋浴和厕所（丹麦 比优斯特·帕肯高龄者住宅）

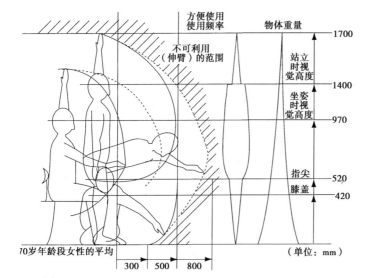

图7.41 70岁年龄段女性的伸臂尺寸

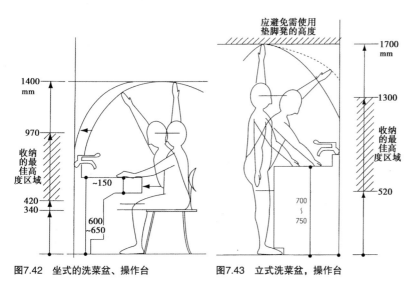

图7.42 坐式的洗菜盆、操作台

图7.43 立式洗菜盆，操作台

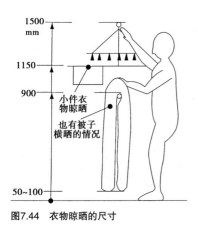

图7.44 衣物晾晒的尺寸

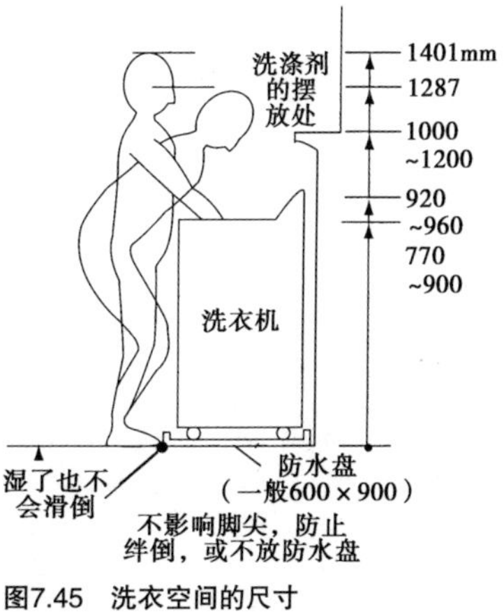

图7.45 洗衣空间的尺寸

④门锁应该是即便里面锁上，从外面也可以简单地解锁的装置。

⑤感觉身体不舒服或站不起来的时候，应有某种呼救等通报手段。

⑥浴室和厨房等金属品具应是操作简便的用品（图7.62）。

7.3.6　伸臂尺寸

高龄期整个身体逐渐萎缩，比年轻时缩小10%~20%，一般越是年轻家庭平均身高越高，因此对许多高龄者来说，通常感觉使用的家具尺寸过大。

特别是高处，对高龄者来说是危险的场所，也是不好用的场所。

加之使用椅子和轮椅等，胳膊可及范围就更小了。

作业和收纳等尺寸应考虑这些情况，有必要计算适当的伸臂尺寸。

特别是高处，勉强使用踏板有受重伤的危险，要设定不使用踏板也可以够到的，尽量回避把高于1.7m以上部位作为高龄者使用的场所。

也就是说，只有高龄者生活的家庭，进行收纳设计时，应把不使用高于一般门楣高度的小柜橱，衣柜上的空间等要求作为前提。

针对使用椅子、轮椅的高龄者，其设计尽量不使用膝关节支撑（图7.42）是必要的。

7.4 在宅福利和住居

7.4.1 在宅福利的转型

高龄者一个人不能独立生活时，过去依赖家人、亲属的私家抚养，即所谓居家养老，或者是由养老设施收容，无非是这两种途径。今后接受社会的、国家照护的居家养老的生存方式成为主流，向着在宅福利的模式转型。

为什么在宅福利成为必要？其理由是千篇一律的养老设施收容存在使高龄者失去自律性的问题。而过去那种以家人抚养为前提的居家主义，家庭负担过大，而且如第1节所述，高龄者希望继续住在住惯了的地方，而且这个方向也符合平等性的概念。

7.4.2 在宅福利和住居

为实现在宅福利，有必要建立为高龄者提供"即使在宅也可以享受养老设施水平的服务"的体系。为此，与家庭服务、家访诊疗，家庭看护、送餐和洗澡服务、日间照料等完备并行，居住条件的整合成为重大课题。

特别养护老人之家（简称特养）等高龄者的居住设施，基本达到物质的无障碍设计，相比之下，普通住宅特别是日本住宅对高龄者来说有很多不方便的地方。

由于高龄者不当心发生与住宅相关的事故死亡的很多（表7.4），也是住宅不方便的反映，迁居、增改建的最大理由是住宅老化，这也说明了住宅的问

家庭内意外事故死亡			表7.4
	总数	65岁以上	
	人（A）	人（B）	%（B/A）
跌倒、滚落	2260	1705	75.4
滑倒、绊倒及因踉跄在同一平面上跌倒	1036	890	85.9
从楼梯台阶及踏步上摔倒或滚落	435	321	73.8
从楼宇或构筑物上摔下来	412	188	45.6
意外的溺水、溺亡	3632	3224	88.8
在浴缸内溺水、溺亡	3316	2938	88.6
其他意外窒息	3768	3074	81.6
误吞异物入胃	644	473	73.4
因气管闭塞造成的食物误吞	2492	2167	87.0
烟、火及火灾的发生爆炸	1319	793	60.1
与热及高温物质的接触	128	109	85.2
因有害物质的意外中毒及有害物质的暴露	445	133	29.9
总数	12152	9421	77.5

资料：出自厚生劳动省平成18年《人口动态统计》

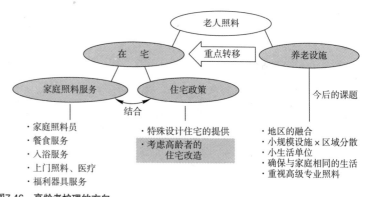

图7.46 高龄者护理的方向

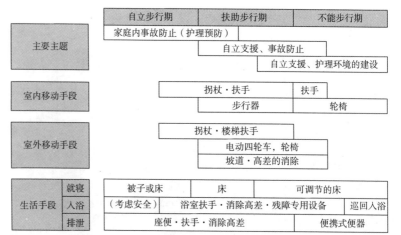

图7.47 步行能力和改造、生活手段的对应关系

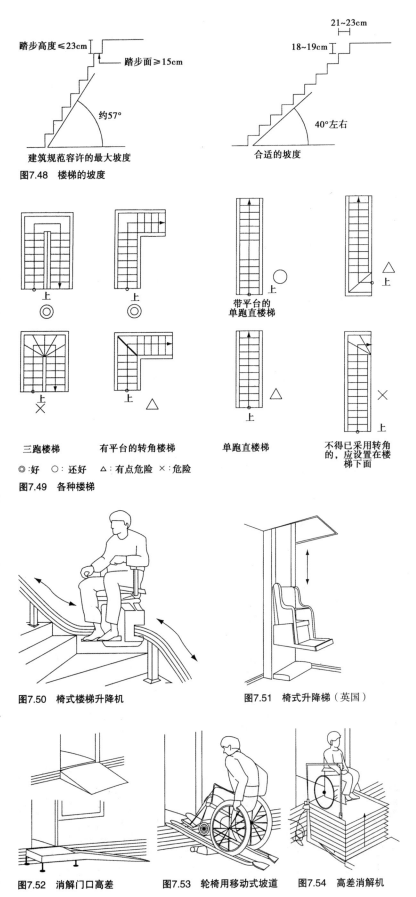

踏步高度≤23cm
踏步面≥15cm
约57°
建筑规范容许的最大坡度

图7.48　楼梯的坡度

21~23cm
18~19cm
40°左右
合适的坡度

上　　　上
◎　　　◎

三跑楼梯　　有平台的转角楼梯

上　　　上
×　　　△

带平台的
单跑直楼梯
上
○

单跑直楼梯
上
△

上
△

上
×

不得已采用转角
楼梯的，应设置在楼
梯下面

◎:好　○:还好　△:有点危险　×:危险

图7.49　各种楼梯

图7.50　椅式楼梯升降机

图7.51　椅式升降梯（英国）

图7.52　消解门口高差　　图7.53　轮椅用移动式坡道　　图7.54　高差消解机

题点。

为推进在宅福利，关键是要求改造"宅"。

7.4.3　住居的结构上的课题

日本的住宅一层楼板的高度，在建筑规范上作为原则规定在45公分以上。因此一层与地坪之间产生较大的高差，因此玄关和户门的出入口部位容易发生不便（图7.52~7.54）。

室内、走廊等铺有地板材料的地面与铺有榻榻米地面之间有3公分的小高差，这也是高龄者经常"绊倒"的原因（图7.18改善例子）。

此外，日本的住宅地面装修，有榻榻米、板材、地毯、瓷砖等等。还有脚下进屋形式的多样化（裸足、穿袜、穿拖鞋等），加上后述的地板展开型居住生活等，容易导致摔倒的现象。

楼梯在日本住宅中开始使用是从"二战"后开始的，但普遍使用的历史还很短。还有由于过于重视间数尽量减少楼梯面积的倾向，使得楼梯存在很多隐患。

有的挑战建筑规范允许范围的极限，楼梯做得很陡（图7.48），甚至不设折回的休息平台，直接做成梯段的也普遍存在（图7.49）。小住宅为了缩小楼梯面积采用这些方法容易成为引发事故的祸根。

除此之外，关于楼梯踏步面、踏步踢板、突缘等材质、饰面、扶手的安装，照明等方面应留意的地方很多。

在住宅中走廊和楼梯的规

107

范尺寸，多用轴线尺寸3尺（约90公分）计算。这也会引发轮椅在室内使用时的不便。

轴线90公分的话，实际（门侧尺寸）是78公分，这是轮椅垂直进入的极限尺寸，直角通过是不可能的。（图7.57）此外，住宅在建筑规范上规定的轴线尺寸是75公分以上，78公分的情况下安装扶手是困难的。

但是轮椅对下肢有障碍的人来说是珍贵的移动手段，目前还没有可以替代的手段，因此，今后高龄化更加严重的话，无论是手动（图7.55）还是电动，在住宅内轮椅的使用会越来越多。而且助步器也会住宅中多用。

特别护理等如前所述，在这方面的环境营造可以对应。而住宅今后更是大的课题。

浴室（图7.60、7.61），小五金类（图7.62），扶手（图7.63~7.65）等也需要结合在宅福利进行改善。

7.4.4 居住方式的课题

日本人的居住生活，有席地而坐和垂足而坐"起居样式双重结构"，而且在地板上放有各种生活用品，依赖地板生活的"地板展开型生活"是其特征。

特别是近年，大量的家具、工具、装置带入住宅内，依靠这些支撑居住生活。

这些东西使得室内复杂化，各种杂物带来了狭窄地面上的凌乱等，使高龄者处于危险的状态。

基于这一背景，在居住方式上秩序化，是在宅福利的首要课题。

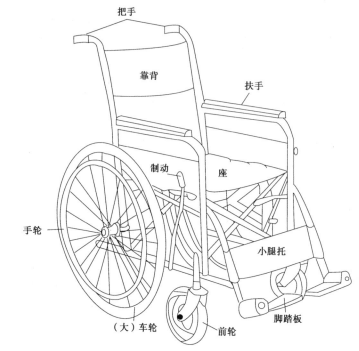

图7.55 轮椅的构造及各部位的名称（标准型）

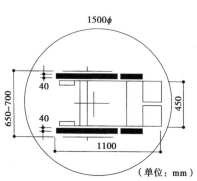

图7.56 回转所需的最小尺寸

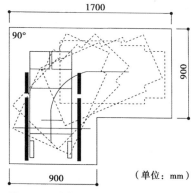

图7.57 90度角通过时需要的最小尺寸

图7.58 脚踏碰坏的墙面

图7.59 护墙条。为避免脚踏板损坏墙面，设在墙上

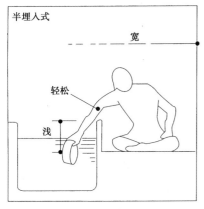

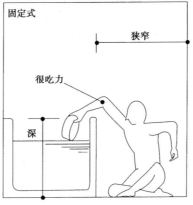

图7.60 浴缸

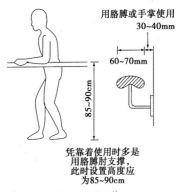

图7.63 一般步行用扶手[4)]

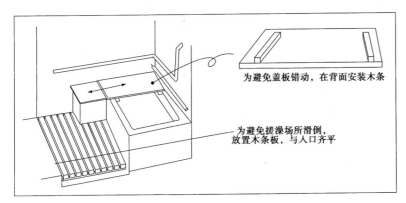

图7.61 右半身麻痹者用浴室的考虑（左半身麻痹者相反）

图7.64 靠着使用的扶手[4)]

容易产生不便的形状	改良或市场销售的更方便的产品等实例
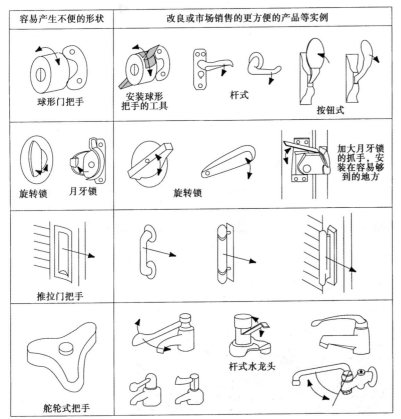	

图7.62 金属零件

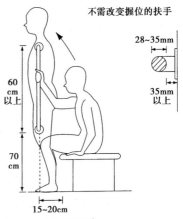

图7.65 坐立用扶手[4)]

7.5 支撑高龄期生活的居住体系

7.5.1 专门特护的居住设施

把特别护理伴有的专门特护的高龄者居住设施的重点转移到在宅福利的过程中，其专业性会不断提高，今后会发挥重要的作用。可以预见在高龄化进程中，居家生活不能自立的，有重度障碍的高龄者也会增加（图7.66、7.67）。

但是现状是这些设施作为高龄者的"生活场所"具有的问题点存在很多研究课题。

第一，离开地域社会的大规模设施多，有必要尽可能小规模地分散到地域社会，使地域紧凑化（社会的统合）。

第二，居室几乎都是"杂居"的状况，不能保障入居者个人私密以及个人生活的较多。现在全国的养老机构在积极地进行分室化。

第三，生活、就餐，护理单位团体过于庞大，目前单位朝着小规模化（单元化）发展。

第四，设施的布设和内装修有很多医院的元素（图7.68），有必要使之拥有住宅、家庭的气氛（图7.70、7.71）。

以上课题归结到一起就走向"小组团之家"。就是10人左右的入居者，其居住形态是除了有个人的居室，还有共同的起居室、餐厅等进行生活，配有照护职员常驻（图7.73）。

这是源于北欧的智障者的居住形态编制的，今后将会全面普及到设施配备中。

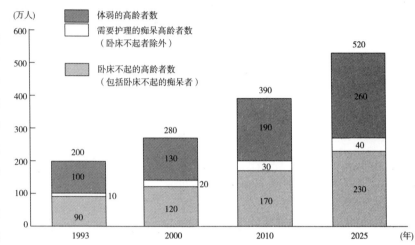

资料：根据厚生省大臣官房统计信息部《国民生活基础调查》《社会福祉设施等的调查》《患者调查》及《高龄者保障设施实情调查》等的推算

图7.66　卧床不起、痴呆、体弱高龄者的推算

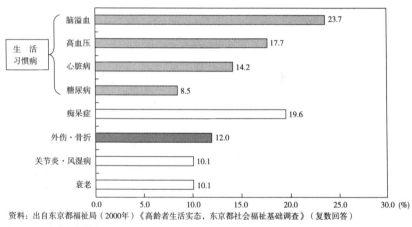

资料：出自东京都福祉局（2000年）《高龄者生活实态，东京都社会福祉基础调查》（复数回答）

图7.67　卧床不起的主要原因

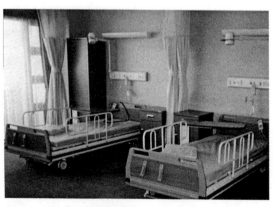

图7.68　医院式的特殊护理居室（东京，东丘老人之家）

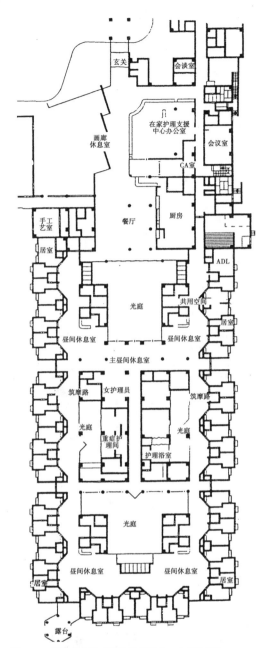

图7.69 三牧养老院（特殊护理部分、全部单间）

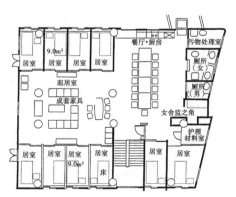

图7.73 至诚养老院的组团之家

图7.70 三牧养老院，居室前的聊天之角（设计：宫本忠良）

图7.71 同上，居室前的名牌和信报箱象征个性

图7.72 同上，以居室内个人生活领域的确立来丰富生活

图7.74 小生活单位的组团之家生活（神港园幸福之家）

7.5.2 带有照料的住宅

高龄者，定居志向比较强，如果住宅、环境恶劣就会搬到新的住宅。

这时，在日本一般提供给他们的是在关怀高龄者的设计理念下统称为"带有照料的住宅"。在海外英国的庇护（sheltered）住宅，瑞典的服务（services）住宅或者丹麦的高龄者住宅等，其数量之多，质量之好是有名的，在日本有银发公寓等，但是数量质量都不很充分。带照料的住宅的基本特征有3点：即体现高龄者关怀的设计，配有照料职员，各户装有紧急时的呼救等装置。

带有照料的住宅也应避开大规模的集中方式，比较理想的是采用小规模集中、个别住户分散的方式。

图 7.75~7.77 是 1982 年竣工的位于瑞典林雪平市的 Stolplyckan 小区，这是一个以

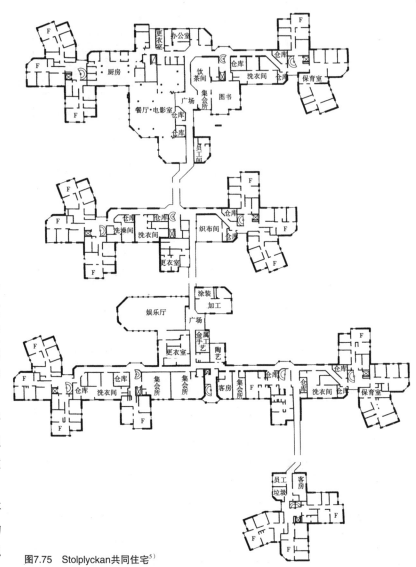

图7.75　Stolplyckan共同住宅[5]

图7.76　从Stolplyckan最高层的住户眺望小区和既有市区街道，两者新旧和谐地融合在一起

图7.77　Stolplyckan的餐厅兼电影室（顶棚上有屏幕），在这里当地居民举行盛大的结婚仪式和婚宴

图7.78　丹麦高龄者住宅（米拉贡）的主入口

图7.83　日间照料中心内的餐厅

图7.79　高龄者住宅（米拉贡）住户的起居室（参照图7.27）

图7.84　斯德哥尔摩，teriusu日间照料中心内的娱乐室

图7.80　从斯托纳比肯带有照料的住房眺望美腊莱恩湖，窗台很低，从椅子或轮椅上也可以容易地眺望外景

图7.85　丹麦卢干达中心高龄者住宅内的作业疗法室

图7.81　丹麦比优斯帕肯高龄者住宅的起居室

图7.86　特别中转服务中心（斯德哥尔摩）

图7.82　丹麦Gentofte市内的日间照料中心

图7.87　脚踏修理的协商（图7.79入住者）

协议共建住宅形式为主的一般集合住宅小区。配建了面向高龄者的服务住宅，在平等性的理念下，实现了一体化的手法，提示了高龄者居住的一个模式。

图7.78~7.81示意的是丹麦带有照料的住宅例子。这些都称得上是日本收费老人之家的水平、规模和内装修，但是都是政府系统部门公营住宅，一般靠养老金生活的人以相当于公营住宅的租金在这里生活。

7.5.3　日间照料中心等

如图7.4.2最初所述，支撑在宅福利的种种结构体系，都是走访在宅生活的高龄者进行的服务。为此，为了在宅福利的需要，需要作为据点类似中心的设施。

而且高龄者可以到中心来接受服务和关怀，并参与到社会交流中来，有很多优势。

这个日间照料中心的内容有用餐（图7.83），洗澡（图7.84）等"日间服务"，以及作业疗法（图7.85），物理疗法等，依靠理疗的康复、看护等的"日间照料"。这两个诊断和治疗的"医疗行为"不是分离的，而是配套一体的，是符合高龄者生活需求和生活行动的方式。

除此之外还有社会输送服务（图7.86），对不固定但每天都会发生的事件，提供非常细致的在宅服务（图7.87），作为支撑高龄期的居住体系是不可或缺的。

図表出处

1) 金子仁郎・新福尚武編：老人の精神医学と心理学（講座日本の老人1），垣内出版，1972
2) 川島美勝：高齢者の住宅熱環境，理工学社，1994
3) ジョン・プライズマン著，湯川利和訳：キッチン，鹿島出版会，1977
4) 山根千鶴子，後藤義明：高齢・障害にいたわりの住宅改善プラン，講談社，1994
5) 萩田秋雄：集合住宅ストールプリッカンとシェルブラッカ老人ホーム（病院建築73，1976）

引用・参考文献

＊1 野村みどり編：バリア・フリーの生活環境論，医歯薬出版，1992
＊2 全国社会福祉協議会編，荒木兵一郎・足立啓著：痴呆性老人のケア環境・老人ホームの建物・設備の工夫，全国社会福祉協議会，1992

第 8 章

住宅的种类和选择

虽说住宅商品化是经济高速增长期以后的产物，但居住者是否过于把住宅的一切都委托给了建造商？是否放弃了作为创造丰富居住生活担当者的立场，看上去好像在发挥其作用，但是在买房、租房行为中是否欠缺什么？本来物质丰富的日本经济，住宅现状贫乏的原因之一是，原本成为生活主体的居住的居住意识的淡薄。当然住宅供给方、住宅政策也存在问题。然而对担任住宅供给的产业来说一切都是商机，以满足住宅的数量为至高无上职责，这一时代背景也是住宅政策的不幸。

居住者一方欠缺的是生活中的主体性、住宅市场的主导权。买还是不买，租还是不租，为确保居住环境，生活主体一方应有正确的选择慧眼才是理性的，不把选择作为最终目标，展望居住"未来"的前瞻性，即居住地的形成、住宅保护意识的启发是非常必要的。独立住宅的获得，并不是住宅选择的全部，最重要的是通过作为社会资产的住宅，保持和增进城市环境、居住环境，居住生活品质的提升和居住地形成等一系列的行动。伴随贫乏的选择行为，居住空间选择的责任意识淡薄更是值得研究的问题。集结在住宅选择上的决断，肩负着对住宅的质量、居住环境的质量以及对日本住宅情况的责任，居住生活的现场调查在日常生活中是必要的。

本章架构围绕着住宅种类的主题，第 1 节为结构材料；第 2 节为建筑工法；第 3 节为所有形态和供给主体；第 4 节从不同的角度对住宅形式的特征进行分类解说；第 5 节从供给商层面和居住者层面简要说明今天主要研究的新动向；第 6 节是对于关于住宅选择行为本身的考察。

8.1 依据结构材料的分类

8.1.1 主要构造和材料

建筑物通常分为主要结构部分（主体部分）和附属构造部分。主要结构部分承受力学意义上的建筑物本身的自重，地震和风力等外力带来的应力，承担支撑基础地基上的建筑物的作用。因此，要求主体材料有压缩强度、张拉强度、弯曲强度等。此外，弹性、韧性等对主体结构整体来说也很必要。结构设计对建筑物以及作为建筑物的功能极为重要。

建筑物使用的材料除了木材、石材等天然材料外，还有铁材、钢材、混凝土等各种材料。每种材料具有固有的物理性质，作为结构材料自不用说，用于其他用途的时候充分认识其特性非常必要。

构成住宅主要结构的可以分为木结构、砌体结构、钢筋混凝土结构、钢结构几种类型。

8.1.2 供给现状

在日本，说到"住宅"一般指"木结构住宅"，说明自古以来

住宅的主要结构材料使用木材，而混凝土、铁等其他材料，在日本的使用不过只有120~130年的历史，但是在今天作为住宅材料占有极其重要的位置。

新建住宅开工户数从结构的分类来看，木结构所占的比例为：1970年67.4%，1984年减少到50%，这与阻燃化政策不无关系，但是地价的暴涨带来的土地高效利用，以低成本供给为目标的住宅集合化、高层化也起到了推波助澜的作用。

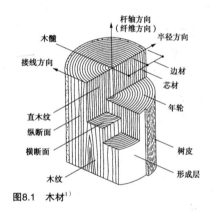

图8.1 木材[1]

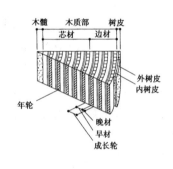

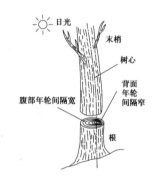

图8.3 钢材的种类[1]

普通砌块

横筋用砌块

角砌块

T型连接部用砌块

过梁用砌块

幕墙用砌块

端部用砌块

图8.2 空心砌块种类[1]

条钢的特征[1]   表8.1

条钢	型钢	型钢根据其断面形状，有等边三角形钢、不等边三角形钢、I型钢、槽型钢、CT型钢、H型钢等种类
	轻量型钢	将薄板通过冷轧加工制造而成，将厚板压薄提高断面性能的型钢，用于荷载较轻的建筑
	棒钢	棒钢有圆钢、扁钢等种类
	线材	直径5.5~19mm的材料，根据含碳量分为普通线材和特殊线材，后者成为钢琴线、PC钢线、钢缆等的素材

8.1.3 住宅选择和结构材料

主要结构部分的材料决定了结构、工法，因此选择在力学上的范畴内。此外，通常要求火灾时有1.5小时到3小时的耐火性能。但是由于结构材料与住宅的形式和内部空间构成有密切关系比如层数、层高、顶棚的高度、墙量等，因此，重要的是根据住宅特别是私人住宅的区位环境、基地等约束条件充分考虑。有必要参照建筑规范以及日本建筑学会制定的各类结构设计标准中规定的使用材料有关事项进行详细核对。重要的还要考虑内装修的限制以及其他的住宅规格构成的整合性。

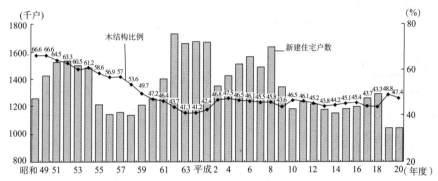

图8.4 木结构住宅占新建住宅户数的比例

结构材料　　　　　　　　　　　　　　　　　表8.2

	材料	结构特性	性质	备注
木结构	木材·木材二次加工品（胶合板、集成材、木质系板材等）	以木材为材料构成骨架结构，根据组装方式可分为梁柱工法（木结构的传统工法），木框架构法（2×4工法）集成材工法，圆木工法（井干式木屋）木质预制构件工法	·作为装修材料，利用原材料的轻量、美观，享受材料的触感 ·可以实现开放空间 ·适合我国的气候和风土 ·耐久性不佳（腐朽菌繁殖的条件，温度20~40℃、湿度30%~60%、需要氧气和养分） ·耐火性差（木材引火点约250℃，发火点430℃） ·干燥、收缩带来不整合	·在一般住宅或小规模建筑使用较多 ·在西式建筑和日式木结构建筑中并用 ·3层以下建筑使用
砌块	石材砖砌块	将方形材料垒砌，靠其自身承受结构上的屈服强度，是砌筑式结构	·可以作为装修材料 ·水平力较差、耐久性不佳	·利用素材的质感进行造型使用是当今的主流（外墙、暖炉、院墙、铺路石） ·现存的砖混建筑从明治到昭和初期的建筑 ·建筑规范 砌筑结构设计标准（日本建筑学会）
加强混凝土砌块	空心砌块钢筋	在空心砌块的空心主要部位放入横竖的钢筋，再灌入砂浆或水泥浆，形成承重墙，其他部分为木结构或钢结构	·耐火性、耐久性良好 ·施工简单 ·热遮挡性好 ·开口部规模和位置的自由度有限制 ·不适用于大跨度建筑	·限制3层以下、檐高11m以下的建筑 ·作为承重墙有效长度55cm以上，并且墙高3/10以上 ·用承重墙围绕的房间面积60㎡以下
钢筋混凝土结构	钢筋混凝土结构	在模板中放入钢筋浇注混凝土，凝固后混凝土将产生强大的张力和抗压强度，利用这两方面的性质。整个骨架成为一个整体的框架结构，其形式有框架结构、承重墙结构、无梁平板结构、壳体结构	·耐火性、耐久性良好 ·形状可以自由 ·可以实现高层化 ·容易发生龟裂（裂缝） ·由于混凝土的中性化会发生钢筋锈蚀 ·自重很重（不适用于大跨度建筑和软地基） ·工期较长 ·拆毁困难	·使人感到夏天热冬天冷，并容易结露，所以需要用玻璃纤维进行隔热处理 ·建筑规范、墙体式钢筋混凝土结构设计标准（日本建筑学会） ·官公厅建筑、中层（5~6层左右）集合住宅公寓建筑、中规模办公楼等广泛采用 ·集合住宅的情况下，墙体式钢筋混凝土结构比较多（内隔墙等墙面比较多） ·5层以上，檐高16m以上 ·承重墙的厚度，平房12cm以上平层高度H/25以上，2层楼房屋15cm以上且H/22以上，3~4层楼房屋的最上层15cm以上且H/22以上，其他的楼层18cm以上且H/22以上
钢结构	钢结构（S）钢混结构（SRC）	各种型钢（H型钢、T型钢、圆钢、钢管），钢板或轻量型钢加工，与这些连接（螺栓、高强螺栓、焊接、铆接）组装的钢材作为结构体系构成的框架结构。有全部采用钢框架的钢结构和钢框架与钢筋混凝土组合的SRC结构（钢筋混凝土结构）。根据架构形式，可细分为框架结构、桁架结构、壳体结构	·富有良好的柔韧性、抗震性、耐久性 ·减轻现场作业，缩短工期 ·有稳定的材质（工厂生产）强度、性能 ·适用于大跨度建筑和高层建筑	在日本钢骨钢筋混凝土（SRC结构）考虑的是耐火和抗震结构，由于第二次世界大战后轻钢的出现，开发了非燃住宅，1955年利用冷弯成型技术开始生产轻量型钢用于住宅建设，利用轻量型钢作为主体结构的预制构件住宅有了发展

8.2　依据建筑工法的分类

8.2.1　主要结构部分和工法

关于建筑物的主要结构部分，从工法的视角可以大体分为架构式工法、砌筑式工法及一体式工法。

工法和结构上的特征　表8.3

	工法	架构上的特征
架构式工法	细长构件作为柱子和梁进行组合，结构上的应力由这个骨架承受	·富于开放性 ·容易转移、改建等 ·部件断面的面积、组合方式、接合方式不同强度也不同
砌筑式工法	用水泥、砂浆等方形的材料加，为将压缩力变为结构上的耐力（除了加强砌块结构外），压缩力均匀广泛传到下部使用砌筑方式	·墙加厚 ·不能自由决定开口部 ·一定量以上的剪力墙是必要的 ·缺少抗震性 ·作为砌块使用材料的性质、砌筑的勾缝、砂浆的不同强度也不同
一体式工法	向模板围成的结构骨架内浇灌混凝土，将基础、柱、楼板等铸造在一起。部件没有缝隙，骨架整体抵抗外力	·高层、大跨度的建筑是可能的 ·可以开大口 ·声音易传播 ·自由决定形状 ·结合部位刚性最强

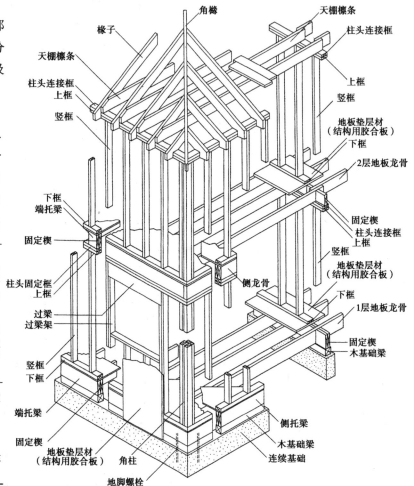

图8.5　框架墙结构[2]

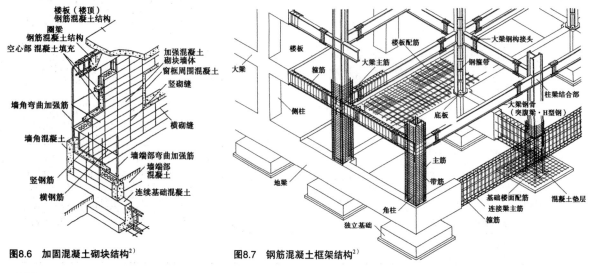

图8.6　加固混凝土砌块结构[2]

图8.7　钢筋混凝土框架结构[2]

从建筑施工法看新建住宅户数　　　表8.4

		平成20年（户）	平成21年（户）	（%）
新建住宅总计		1039180	775277	100.0
木结构		492901	436698	56.3
非木结构	计	546279	338579	43.7
	钢骨钢筋混凝土结构	15890	6554	0.8
	钢筋混凝土结构	320103	176657	11.8
	钢结构	208259	153499	19.8
	混凝土砌块结构	503	639	0.1
	其他	1524	1230	0.2
预制构件新建住宅	计	148273	123757	16.0
	木结构	16637	14063	11.4
	钢筋混凝土结构	3556	2799	2.3
	钢结构	128080	106895	86.4

注：预制构件总计的构成比是对新建住宅总计的比例，预制构件的
　　分结构构成比是对预制构件总计的比例
资料：国土交通省《住宅开工统计》（2009年）

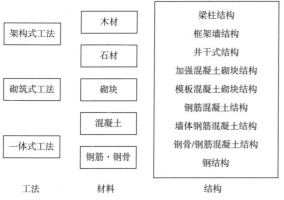

图8.8　材料与工法

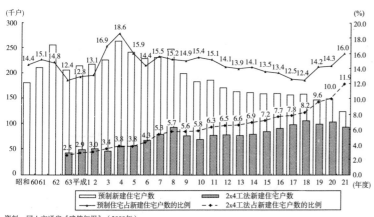

资料：国土交通省《建筑年报》（2009年）

图8.9　预制和2x4工法占新建住宅户数的比例

8.2.2　预制装配式工法

预制装配式工法，是指依靠工业流水线进行生产、供给的住宅。针对单品生产方式，一部分引入工业生产，以降低造价、缩短工期为目标始于1960年，1973年时只有15万户，以后逐年增加，1996年达到30万户。此后又略有减少。现在每年20万户左右的供给量，占新建住宅14%。

所谓2×4工法，是以中心的规格断面尺寸材料（2英寸×4英寸）为基础的通称。指"框架墙工法"。建设量一直稳步增长，现在每年大约10万户左右。

8.2.3　住宅选择和建筑工法

比如作为架构工法材料，选用木结构的情况下，根据组装方法的不同而不同，可以分为梁柱工法（传统日式住宅）、框架墙工法（2×4）、集成材工法以及圆木工法（long house）等类型，这些材料的价格和工期不同，此外使用钢骨材料时，正像框架结构和桁架结构那样特征不同。需要重新考虑自然环境和人工环境融合的方法，生活方式的接点等与生活居住者的关联。

建筑物的法定使用年限（寿命）　　　表8.5

结构 细目	钢筋混凝土结构或钢骨、钢筋混凝土结构	砖结构、石结构或混凝土砌块结构	金属结构的骨架材料厚度超过4mm	同左，骨架材料厚度超过3mm，4mm以下	同左，骨架材料厚度在3mm以下	木结构或合成树脂结构	木骨砂浆结构
住宅用	47	38	34	27	19	22	20

注：法定使用年限：为计算固定资产的折旧费，财务省规定的使用年限　　　资料：财务省令（2003年4月实施）

8.3 依据所有形态和供给方式的分类

8.3.1 所有形态和供给主体

在住宅、土地统计调查中，在私宅以及土地所有的状况一项中，"私房"是统一的，而"租房"是以供给主体的状况进行细化的。供给主体有地方政府、城市再生机构（旧·公团）、住宅供给公社等公共住宅供给团体、个人和经营团体等民间机构。除此之外，还有企业主通过劳动合同的形式向被雇佣者提供的住房。

作为住宅政策公的机关介入住宅供给市场，是在住宅价格超过个人能力极限的背景下开始实施的。特别是在城市化的过程中，由于人口向城市极端集中引发"住宅问题"，即住宅绝对量的不足，不得不依赖市场原理的情况下，为克服住宅质量下降和获取住宅困难而开始的。而民间住宅开发公司是把市场竞争原理放在首位，始终以追求利润为目的，对此公共住宅尽可能引导住宅市场朝向适当的方向。为了确保住宅的适度水平，作为公共住宅设计，例如历史上提出了型设计的建议，以及确立量产化体系等，在各层面上发挥了引导作用。

8.3.2 供给现状

2009 年新开工的住宅为 77 万 5277 户，比前一年减少了 25.4%，停留在 1964 年的水平上。从所有形态的类型来看，私房占有绝对的主导地位，但是 1951 年当时，近 80% 独立住

与住宅、居住生活相关的主要统计和住宅所有关系区分　　　表8.6

人口普查	总务省	·国家最基本的统计调查 ·支持国民的生活设计，企业的业务规划、学术研究机构的实证研究等支撑社会经济发展的基础调查 ·大正9年（1920）年以来每5年进行1次
住宅·土地统计调查	总务省	住宅·统计调查（每5年）是掌握我国的住宅和居住在那里的家庭居住状况、家庭拥有土地的实际状况，明确其现状和进展变化的调查。该调查结果将作为根据居住生活基本法编制居住生活基本规划，土地利用规划等的各项措施的规划，立项基础材料使用 ·目的是全面地掌握居住形态及住居相关资产实际情况 ·根据《居住生活基本法》（平成18年制定）为谋求住宅政策由量的确保向质的提高进行全面的转换的基础上，力求充分掌握现存住宅修缮的实际情况、抗震性、防火性、防盗性等有关住宅质量事项 ·昭和23年（1948年）以后每5年设施的"住宅需求实况调查"是其前身，平成10年（1998年）该名称变更为目前的名称
居住生活综合调查	国土交通省	·综合调查包括居住环境的居住生活全面的实际状况及居住者的意向·满足度 ·在《居住生活基本法》的基础上，应将其作为推进有关居住生活的稳定·提高的综合措施的基础资料，在修正、充实调查内容的同时，梳理住宅·土地统计调查与其的关系，该业务平成20年（2008年）开始实施 ·昭和35年（1960）以后，每5年1次实施的「住宅需求实况调查」进行了名称的变更 住宅所有关系区分 　┬─私有住宅 　├─租赁住宅─┬─公营租赁住宅 　│　　　　　├─都市再生机构（旧公团）国家的租赁住宅 　│　　　　　├─民营租赁─┬─个人所有 　│　　　　　└─职场住宅─┴─法人所有 　└─非住宅供人居住的房屋─┬─自己所有 　　　　　　　　　　　　　└─租赁、出借

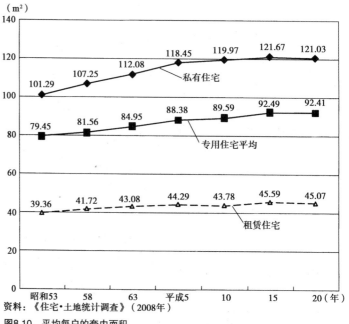

资料：《住宅·土地统计调查》（2008年）

图8.10　平均每户的套内面积

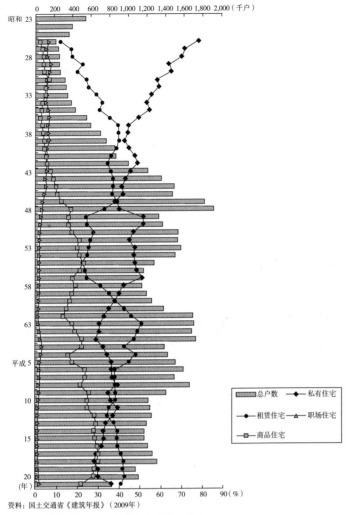

资料：国土交通省《建筑年报》（2009年）

图8.11　按使用关系区分的新建住宅开工户数

图例：
■ 总户数　◆ 私有住宅
● 租赁住宅　△ 职场住宅
■ 商品住宅

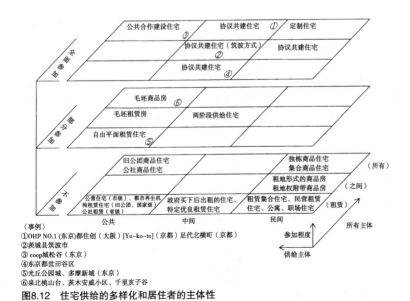

〈事例〉
①OHP NO.1 (东京)都住创（大阪）[Yu-ko-to]（京都）足代北横町（京都）
②茨城县筑波市
③coop城松谷（东京）
④东京都世田谷区
⑤光丘公园城、多摩新城（东京）
⑥泉北桃山台、茨木安威小区、千里灸子谷

图8.12　住宅供给的多样化和居住者的主体性

宅中的供给减少了一半，商品房的占比稳步上升，租房的供给，没有达到所谓泡沫期的50%，而2000年为34.3%，以后其比例逐渐升高，2009年增加到42.1%。

每户的套内面积在总平均上扩大了，2009年为94.1m²，但是所有形态的差别很大，与规模以一定的增加率上升的私房相比租房只是微增，拉大了两种类型的差距，2009年私房的套内面积为121m²，而租房只是它的三分之一，在所有形态之间住宅规模的差别显而易见，随着住宅移动缩小了选择的范围。

8.3.3　从所有形态看今天的课题和住宅选择

目前提倡供给主体的多元化、作为有效利用土地的方法破除土地所有概念的使用权等，在实践中摸索对住宅需要与现实背离的解决方案。居住者的选择不再只是二选一了，例如：买房还是租房？公共的还是民间的？出现了中间形态，增加了选择范围。但是这不是简单扩大基于过去那种旧概念的选择方式，而是形成了过去住宅市场范畴所没有的新价值观、直接关系到确立生活据点的根本变革。作为商品的住宅，其所有形式不是取得住宅的最终目标。住宅决定了包含以后可持续的责任，以及在管理各家庭"house"过程中的主体性是不可或缺的。

"为何要拘泥于买房"？不要只停留在个人生活圈域，重要的是在更广阔的视野下寻找答案。

8.4 依据形式分类

8.4.1 住宅形式

住宅的建设方式大体分为"独立住宅"、"长屋住宅"、"共同住宅",表现了建筑的整体形态和一栋住宅的关系,各户分别从外部有直接的出入口,两户以上的住宅连为一栋的称为长屋,共有走廊、楼梯等叠加式的住宅称为共同住宅。住宅的非燃化政策,钢骨、钢筋混凝土等结构材料的普及和住宅高层化、共同化成为三位一体为日本住宅的多样化做出贡献。

8.4.2 集合住宅

作为应对城市居住需求的一个方策,对集合住宅的期待极大。以前的最大公约数的集合住宅的千篇一律的供给,立足于生活方式论的标准化设计发展为型设计,然后1970年代以后迎来多样化个性需求的挑战。

今天,其关键词有少子高龄化、环境共生、社区再生、女性走向社会等,摸索着商品策划的差异化。不再停留在过去那种对应一个家庭单位的模式,切实地向积极评价在形式上具有特性的"集合体"的方向变化。生活方式的趋势性如何在"集合"中实现网络共有意识,更增加了其重要性,包括社区再生的重大课题。为了让多样的生活单位的集中居住意识更有机地结合,作为结构体的集合性以哪种形式发挥效力?开始在超越过去的框架,不再停留在独立住宅形式的范畴内展开。

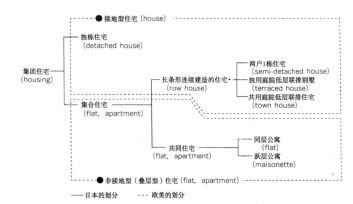

—— 日本的划分 ---- 欧美的划分

图8.13 集合住宅的类型化[3]

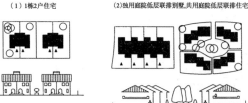

(1)1栋2户住宅

·有一侧墙与隔壁共有,其省地性和暖炉的烟囱可设在同一墙壁达到节能性,形成整齐的街景,作为英国的郊外住宅发展。

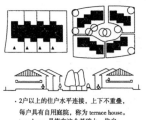

(2)独用庭院低层联排别墅,共用庭院低层联排住宅

·2户以上的住户水平连接,上下不重叠,每户具有自用庭院,称为terrace house。town house是指在这个基础上,住户、住宅群、专用庭院等所谓的私人领域和共用庭院、步道、车道、停车场等的共用领域(公共空间)之间具有有机关联性的空间统合

(3)同层公寓

·叠层型的共同住宅1套家庭用的住宅被收纳在各层的空间内

(4)跃层公寓

·叠层型的共同住宅,1套家庭用的住宅有2层高(上图三四层和四五层)

图8.14 集合住宅的典型图[3]

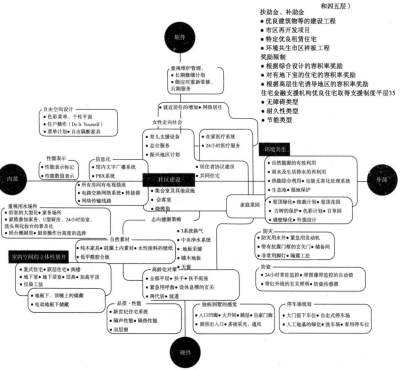

图8.15 商品房商品策划关键词[4]

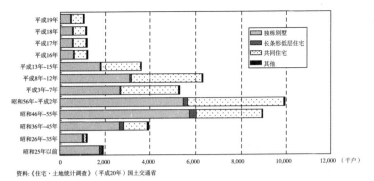

资料:《住宅・土地统计调查》(平成20年) 国土交通省

图8.16　按住宅形式分类的新建住宅户数

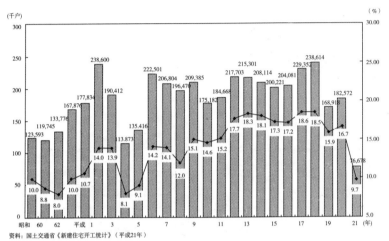

资料: 国土交通省《新建住宅开工统计》(平成21年)

图8.17　公寓的供给户数和比例

8.4.3　供给现状

随着城市化的进展,住宅形态变化之一是被集合化、共同化所象征。作为一个程序的共同住宅新房的供给,1950年以来出现直线上升趋势。1980年代后半期共同住宅的比例超过半数,2007年业绩为54万户,占整体的53.6%。

其中,最具共同住宅代表的高端公寓,在1965年代后期开始以大城市为中心普及,1976年代不过是56万户的存量,推算2008年将达到545.1万户。私房已经不限于独立住宅形式,可以说共同住宅也作为其中一员获得了市民权,另一方面,共同住宅的改建问题已经浮出水面,不仅要应对物理的老化、功能的、社会的过时等,还面临房产所有者的认可等诸多课题。

8.4.4　关于住宅形式的课题和住宅选择

住宅形式方面的课题,在于称为国民综合意向的"郊外带庭园的独立住宅"和无论今天、还是将来都是必然的住宅"共同化、集合化"的"接点"。现实上各类住宅的选择,多是根据居住者个人在平衡"价位"、"规模"、"地段区位"下实施的。过去那种住宅"爬梯子"(逐步改善)的对应型住宅,只限于某个阶段,对特定家族形态的空间设计要具备充分的条件。为了消除重复地拆与建的模式,形成长久耐用型存量市场,不为流行趋势所诱惑,居住者能分辨住宅的必要条件,认识自己是环境建设的一员,在此基础上进行选择。促进作为社会资产的住宅供给是十分重要的。

〈投资效率的提高和资源等的有效利用〉
~寿命相当持久,没有浪费部分~

由于在不破坏主体结构的情况下,就可以简单地对住户部分进行更新,在谋求建筑物整体长期使用的同时,还可以实现资源和材料的有效利用

〈实现了不用搬家就可以装修〉

住户部分装修时,将其从主体结构中取出,搬到工厂等,当临时借1套居住用充填体放入主体结构,可以实现在原地生活的同时进行改修

灾后重建的速度化~很可观! 即使发生灾害破坏,也可以放心,马上可以复建

发生地震等大规模灾害时主体结构受到损伤需要进行修补施工时,从确保临时住宅开始,面对各种情况都可以迅速应对处理

〈工期的缩短和确保质量的提高〉
~立即施工,装饰也很好~

填充体单元化,根据工厂化生产,力求工期的缩短和确保质量的提高

未来型长寿命公寓的特征和效果
~3个要点8个效果~

① 将高耐久的主体结构部分(骨架部分・共有部分)和更新频率比较高的住户部分(填充部分・专有部分)在结构上完全分离

② 方便将填充部分纳入结构部分或从结构部分中拆除

③ 填充部分可独立存在(单元化)

单元式的未来型

将高耐久的主体结构和更新频率较高的住户部分在结构上完全分离,这样在不破坏主体结构的情况下就可以对住户部分进行更新

传统型

主体结构　单元式住户的组合

〈抑制了严重的重建问题的发生〉
~重建问题? 没有问题~

通过以上的综合效果,起因于区分所有特殊性的严重的重建问题就不易发生了

〈实现近似独栋别墅住宅的自由度〉~简直就像独栋别墅、改装也自由自在~

力求所有关系的一元化、单纯化,对内装(专有部分)装修的更新,由于骨架(共用部分)约束较少,可实现近似独栋别墅住宅的自由度

〈确保临时住宅的简洁〉~改建时也轻松,可直接作为临时住居~

在重建时,拆除的填充体设置在空地或新的结构骨架上,可作为施工临时住所使用

〈不区分所有形态,是实现全新供给形态的开端〉这是告别共有,实现理想的独门独户的第一步

希望结构部分以公共机构为主体进行管理,只要填充部分可以出售等,不区分所有形态,成为实现新的供给形态的开端

图8.18　未来型长寿命公寓的特征和效果

123

8.5 各种尝试

8.5.1 住宅供给方的尝试

关于构筑可持续社会的研究成果以各种形式得到积累。《居住生活基本法》（2006 年）的出台，为居住生活质量的充实、形成良好居住环境指明了方向，环境共生、长寿命化、少子高龄化的到来，包括用以往的概念无法把握的家族形态的变化，都与街道、社区等与生活经营直接关联的机遇。

住宅供给方，通过土地、建筑的所有权和使用权的分离，探索住宅供给的盘活和恢复城市舒适性等供给手法。

8.5.2 居住者方面的尝试

住宅产业兴起后，住宅供给从居住者的手中分离出来，住宅的风格和形式都是一样，一切都委托给了供给方。

为了更好地居住，如何恢复居住方参与住宅供给方针的

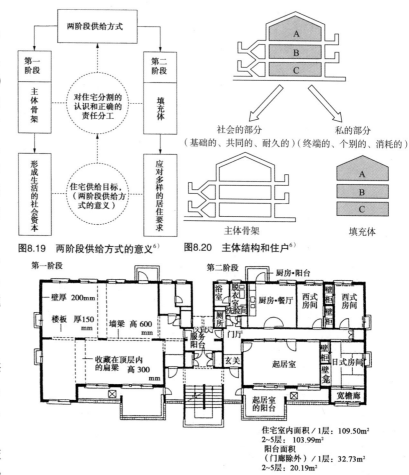

图8.19 两阶段供给方式的意义[6]　图8.20 主体结构和住户[6]

住宅室内面积／1层：109.50m²
2~5层：103.99m²
阳台面积
（门廊除外）／1层：32.73m²
2~5层：20.19m²

图8.21 主体骨架和标准填充体（泉北M项目）[7]

住宅供给的方策　　　　　　　　　　　　　　　　　　　表8.7

新体系	特征	评价	备考
两阶段提供方式	集合住宅分成骨架和填充体，骨架由公共或非营利团体提供租借，填充体由民间企业提供，居住者所有	·应对入居者的个性需求（有可变性的填充体部分） ·建筑物作为公共财产定位明确，可以应对骨架部分长期耐用性	·公共主体提供的商品房：泉北桃山台(1982) ·民间主体的给与住宅：next21（1993）
定期租地权方式	在目前的住宅情况下（小规模租赁住宅过剩提供）自己开发有风险，增大土地保有的造价（三大城市圈的市区化区域不作为生产绿地的农田有相当于住宅的课税，代替固定资产税的评价，会带来将来的增税），在此背景下租地可以获得地价的稳定收入，而且减轻土地保有税，可以有效利用其优势	·在合同期间必须终止租地关系，拆除建筑物，违反建筑物的耐久性 ·老后（50年后）离开的必要性 ·加强土地保有者的土地保有志向 ·可以以低于一般保有土地的商品房的价格取得住宅 ·土地需要保证金（500~1500万日元） ·地价（租地金：月额3~5万日元） ·地价变动可以把风险降到最小 ·方便充实的居住生活	·独立住宅是主流 ·正在摸索以资金少的年轻人为目标定期租地权方式供给共同住宅（基本立法） ·新租地借房法（1991，9）22条：定期租地权（1992）
骨架定租（筑波方式）	建筑转让带特约的租地权（30年后地主买下建筑，租地权结束。建筑的修缮情况反映在买卖价格上）以此为基础，这种税制由房租抵偿合同（入居者应接受的建筑出售金通过向地主借出，其偿还金和房费的一部分相抵）和住宅骨架部分（30年后的转让的只是骨架）两部分组成	·30年后租赁变更时，依据房费相抵合同，以后可以以低房租继续居住 ·地主不需要筹备买入资金 ·明示租地合同期限 ·修缮是入居者的责任 ·便于建筑物的维修管理（30年后解除区分所有，不需要区分所有下的协议形成）	·应对高级公寓供给 ·在城市流动层扩大住宅选择范围（基本立法） ·新租地借房法23条：建筑转让带特约的租地权（1992）

参加者主导型	不依靠组织、专家，依靠参加者自身的强大劳力实施。居住者有包括建筑师初期的案例，友人同事的小规模共同住宅的案例等，实例少
企划者主导型（协调员）	以建筑师为中心的专家组织，新闻社等为背景的专家集团等进行策划，居住者合作和协力实施的类型，迄今的实例最多
公共事业体主导型	住宅、都市整备公园、住宅供给公社等策划，居住者合作组共同规划进行建设的类型，现在的业绩作为公团组织的商品房出售方式占整体的20%
民间企业主导型	住宅厂家、开发商等策划，居住者合作组参加实施的，约占整体10%
第三者主导型	与住宅相关的公益法人、住宅生协等为主实施的，实例少

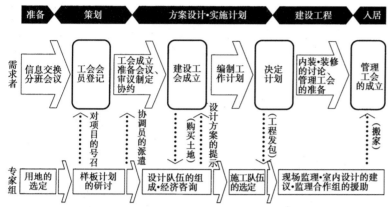

图8.22　协议共建方式的工作程序[9]

权利，如何恢复居住者的个性是今天居住者面临的课题。现在正在摸索其方向性和具体的机制。例如居住者参加设计过程等形式。

住宅的质量能否维持高水平，除了建筑物的耐久消费资产等要素外，就是维护管理。如何持续维持居住方的营生成为课题。作为住宅的建筑物本身的可持续性，个人或家族居住、所有的局限性、与社会资产所要求的恒久性的融合是不可或缺的。即"居住"的个人空间、超越家族的时间维度。

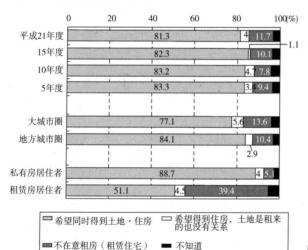

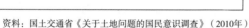

资料：国土交通省《关于土地问题的国民意识调查》（2010年）

图8.23　关于住宅所有的调查

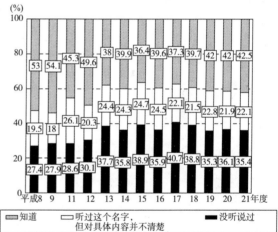

资料：国土交通省《关于土地问题的国民意识调查》（2010年）

图8.24　定期租地权制度的认知度

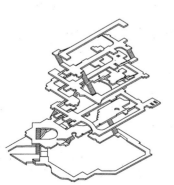

图8.25　NEXT21的立体街道[10]

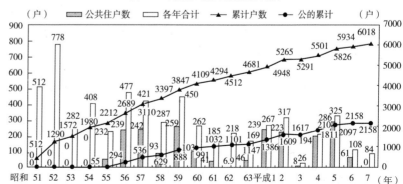

图8.26　按竣工年度统计的协议共建住宅的建设[11]（平成1年=1989年）

8.6 住宅的选择

8.6.1 住宅意向

根据2008年的居住生活综合调查表明，今后的5年间有换房、改善住房意向的家庭，占整个家庭总数的17.7%，低于1988年（住宅需求现状调查）（31%）不到60%，然后是"重新装修增改建、内外装饰、修缮"等（40%），"租房"、"买房"（20%）。

对现有居住的住宅不满意的有30%。针对认为住宅什么最重要的回答是"火灾、地震、水灾等安全防范"、"防止犯罪发生"、"地震台风时住宅的安全性"，"日常购物、医疗福利设施、文化设施的便捷"等住宅基本功能及周围环境的项目占高位。其他还有认为不重要的"与父母亲戚的住宅距离"、"街景、景观"、"哺育孩子的支援服务体系的状况"以及"无障碍的状况"、"与近邻的关系"等与生活相关的一些事项。可以看出以自身的家族条件难以把握的事项不被关注，这表明对住宅、居住环境，考虑到家庭生活的历年变化的、长期的、综合的视野来把握是很困难的。

8.6.2 定居和换房

日本有"住宅双六"形象说法，意思为获取住宅的最终目标"带有庭园的独立住宅"，以生命周期与住宅形式的关联形式描绘了1970年代当时的住宅情况，1950年代以后在城市居住的流动阶层为达到目标一生奋斗的历程，今天到达目标的时间缩短了，出现了通过商品住宅、高端公寓等多样化的私房之间的搬迁，谋求提高住宅本身品质的"现代版的住宅双六"现象。

另一方面也出现了租房需求阶层逐渐增加的现象。特别是租房居住者中存在一定数量的租赁意向者。此外，关于高龄期的住居的调查表明，希望"居住在自己家里"的占30%，"与孩子同居的占10%，"也有一些选择"老年之家等设施"的。从中可以窥

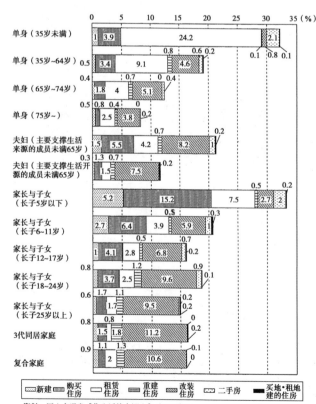

资料：国土交通省《住生活综合调查》（2008年）

图8.27　各种家族型的换住、改善的意向内容

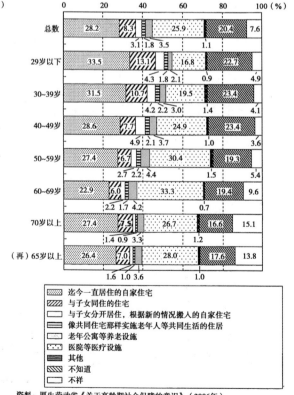

资料：厚生劳动省《关于高龄期社会保障的意识》（2006年）

图8.28　随着年龄的增长希望生活的场所（人生到达终老时）[12]

见居住场所中存在各种不安定因素的实态。

8.6.3　主体的选择

称为国民课题也不为过的"取得带庭院的独立住宅"意味着什么？这表明对土地、建筑物所有的强烈执着，认为"土地与存款、股票相比是有利的资产"的人，所占比例至今也才保持在30%。1990年代所谓泡沫破裂，当今世界不稳定的经济，动摇着所谓"土地神话"，尽管如此，想拥有土地和建筑物的仍占80%以上，"终极目标"的意向并没有动摇。

不被住宅市场主导的所谓"生活方式多样化"所动摇，生活当事者成为住宅选择的主体才是重要的，追求什么样的生活，住居在哪、如何定位，为使其成为可能所必要的以及充分的条件是什么？应采取正面面对现实的姿态。

讨论的项目有3点：①自己本身的生活方式的标准是什么，住宅的私有财产方面的追求。②长期化的问题，自己的寿命和容器与时间轴的关联。住宅的社会财产层面。③面对土地神话束缚的方式，与住宅市场资产层面的关系。私有财产的条件加上其他两方面，问题更加复杂化。受到市场经济的重大打击时，作为输出被简单化，统一化。与现实的兑现往往是费解的问题。

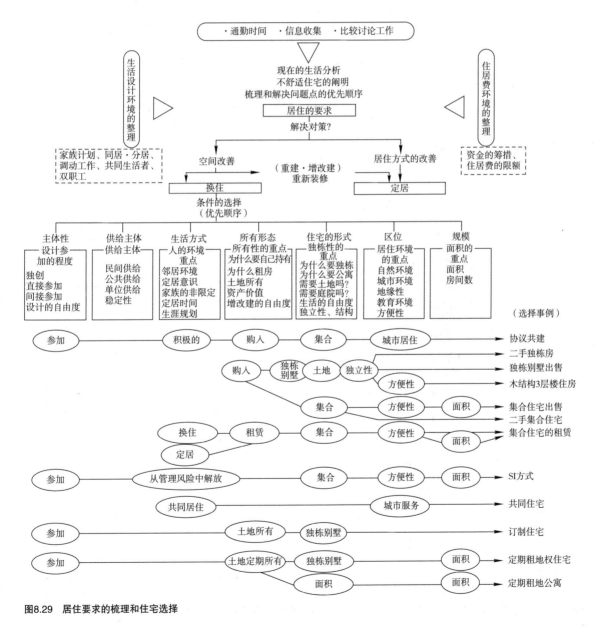

图8.29　居住要求的梳理和住宅选择

但是，作为个人，以及家族的个性探索，与这些居住空间的投影方法的摸索，应该是包括供给方法等新的研发领域，关注未来的精力充沛的行为。

应充分意识到比起客体的姿态，更应依据主体的态度进行住宅选择，这是肩负社会责任的。

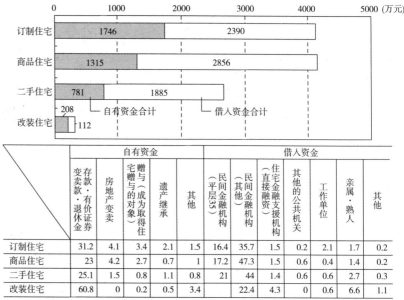

	自有资金					借入资金						
---	存款·有价证券·退休金	房地产变卖	赠与（成为取得住宅赠与的对象）	遗产继承	其他	民间金融机构（平层35）	民间金融机构（其他）	住宅金融支援机关（直接融资）	其他的公共机关	工作单位	亲属·熟人	其他
订制住宅	31.2	4.1	3.4	2.1	1.5	16.4	35.7	1.5	0.2	2.1	1.7	0.2
商品住宅	23	4.2	2.7	0.7	1	17.2	47.3	1.5	0.6	0.4	1.4	0.2
二手住宅	25.1	1.5	0.8	1.1	0.8	21	44	1.4	0.6	0.6	2.7	0.3
改装住宅	60.8	0	0.2	0.5	3.4		22.4	4.3	0	0.6	6.6	1.1

资料：《关于土地问题的国民意识调查》（2010年）

图8.30　住宅资金筹措方法

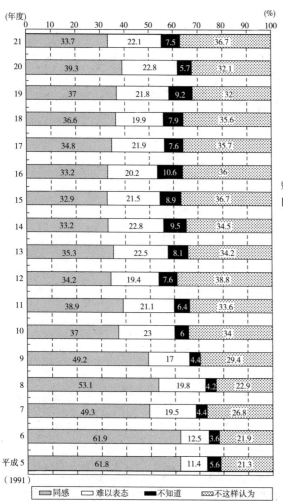

资料：国土交通省《关于土地问题的国民意识》（平成22年）

图8.32　作为土地资产的优越性

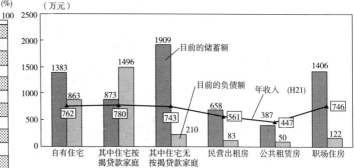

资料：总务部《家计调查》（2009年）

图8.31　从住宅的所有关系看储蓄·负债额（二人以上家庭中的工人家庭）

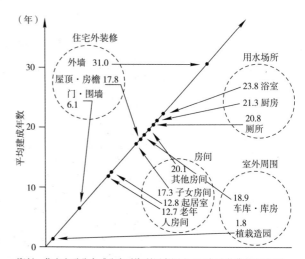

资料：住宅金融公库《公库融资利用者调查1998年改装贷款利用者》

图8.33　按工程场所统计的平均建成年数

128

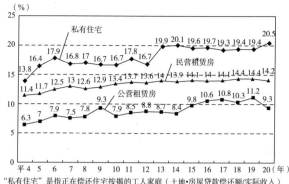

"私有住宅"是指正在偿还住宅按揭的工人家庭（土地·房屋贷款偿还额/实际收入）
"公营租赁房""民营租赁房"是指居住在公营租赁房·民营租赁房的工人家庭的
"房租·地租/实际收入"
资料：总务省《家计调查》（2010年）

图8.34 房费支出比例

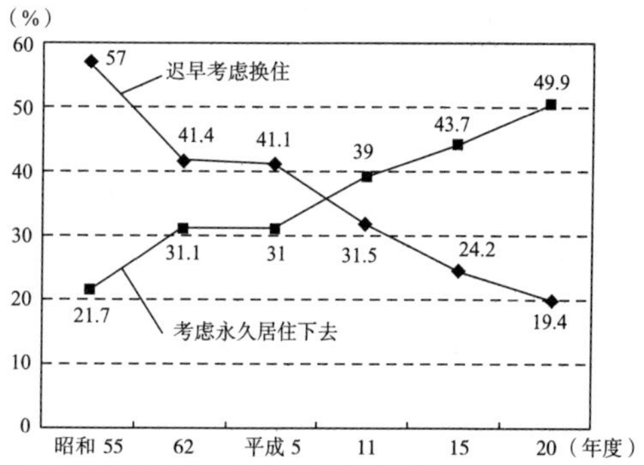

资料：国土交通省《公寓综合统计》（2008年）

图8.35 公寓居住者的永住意识

住房费负担				表8.9
		实际收入（日元/月）	土地·土地·房屋贷款偿还额·房租	还款负担（%）：B/A
住宅按揭还款负担		622599	107475	16.8
房租负担	公营租赁房	335151	31004	9.3
	民营租赁房	424884	60285	14.2

注："公营租赁房"是指除公营住宅外，城市再生机构、住宅供给公社的租赁房
资料：总务省《家计调查》（2009年）

住宅资金（平成15年6月~平成20年12月间有变化的家庭）（万日元）　　表8.10

	全国	关东大都市圈	中京大都市圈	京阪神大都市圈
新建·商品房购买	3493.7	3936.0	3575.4	3745.3
二手住宅的购买	2375.5	2795.6	2706.7	2867.4
改装	529.0	607.1	547.8	479.4
重建	3366.6	3937.0	5545.2	2968.3

资料：国土交通省《居住生活综合调查》（2008年）

首都圈的住宅价格的年收倍率的变迁[12]　　表8.11

项目＼年		昭和50	55	60	61	62	63	平成元年	2	3	4	5	6	7
年收入（万日元）		327	493	634	663	660	682	730	767	828	875	854	854	856
公寓	价格（万日元）	1530	2477	2683	2758	3579	4753	5411	6123	5900	5066	4488	4409	4148
	年收入倍率	4.7	5.0	4.2	4.2	5.4	7.0	7.4	8.0	7.1	5.8	5.3	5.2	4.8
	套内面积（m²）	56.8	63.1	62.8	65.0	65.2	68.0	67.9	65.6	64.9	63.3	63.8	64.6	66.7
现房	价格（万日元）	2101	3051	3537	3629	3668	5085	5371	6528	6778	6269	5873	5752	5737
	年收入倍率	6.4	6.2	5.6	5.5	5.6	7.5	7.4	8.5	8.2	7.2	6.9	6.7	6.7
	占地面积（m²）	183.2	189.3	181.5	180.3	182.8	189.2	187.2	193.1	192.8	194.8	193.5	178.8	175.8
	套内面积（m²）	85.0	101.3	105.6	106.7	109.5	118.2	121.6	126.5	128.3	124.1	116.1	114.8	115.3

项目＼年		8	9	10	11	12	13	14	15	16	17	18	19	20
年收入（万日元）		842	853	896	859	815	813	823	783	796	790	794	798	791
公寓	价格（万日元）	4238	4374	4168	4138	4034	4026	4003	4069	4104	4107	4200	4644	4775
	年收入倍率	5.0	5.1	4.7	4.8	4.9	5.0	4.9	5.2	5.2	5.2	5.3	5.8	6.0
	套内面积（m²）	69.5	70.3	71.0	71.8	74.7	77.0	78.0	74.7	74.62	75.36	75.7	75.6	73.5
现房	价格（万日元）	5785	5864	5698	5552	5234	4821	4733	4590	4535	4533	4724	4867	4682
	年收入倍率	6.9	6.9	6.4	6.5	6.4	5.9	5.8	5.9	5.697	5.7	5.9	6.1	5.9
	占地面积（m²）	176.4	171.1	158.4	157.3	152.0	142.4	141.7	140.3	140.3	143.7	150.6	145.7	144.5
	套内面积（m²）	119.6	118.7	114.0	113.3	111.5	107.8	107.2	106.5	105.4	106.2	108.8	107.7	106.3

注：1.住宅数据根据房地产经济研究所《全国公寓市场动向》的首都圈新上市的民间商品房公寓及劳动者住宅的平均值编制。
*首都圈：〈公寓〉东京、神奈川·千叶·埼玉
　　　　〈现房〉东京·神奈川·千叶·埼玉·茨城南部
　　2.年收入是根据总务省《储蓄动向调查》制定的京浜叶大都市圈的劳动者平均年收入（1998年以前是京浜叶大都市圈的工人平均年收入）。
　　2001年以后是根据总务省《家计调查（储蓄·负债篇）》制定的关东大都市圈（2003年以前是京浜叶大都市圈）的工人家庭平均年收入。
*2001年是利用2002年1~3月平均的数据，2002年以后利用年平均数据。

图表出処

1) 建築のテキスト編集委員会編：初めての建築一般構造，学芸出版社，1996
2) 建築構造システム研究会編：図説テキスト建築構造，彰国社，1997
3) 家庭科教育，60巻，9号　現代の住生活の問題，家庭科教育社，1986
4) 中山孝人：マンション市場におけるトレンド—商品企画の動向とその示唆するもの（住宅，Vol.46，日本住宅協会，1997.8）
5) 長谷川洋：投資効率向上・長期耐用都市型集合住宅の建設・再生技術の開発（住宅，Vol.46，日本住宅協会，1997.8）
6) 巽和夫・高田光雄：二段階供給方式による集合住宅の開発：（建築文化，彰国社，1983.9）
7) 小林秀樹：つくば方式をご存じですか（HOUSING ＆ LIVING，No.356，第一勧銀ハウジング・センター，1999.6）
8) 中林由行：日本におけるコーポラティブ方式の今後の方向と課題（住宅，Vol.31，日本住宅協会，1982.5）
9) 住環境の計画編集委員会編：住環境の計画2　住宅を計画する，彰国社，1987
10) 巽和夫・未来住宅研究会編：住宅の近未来像，学芸出版社，1996
11) 小谷部育子・岩村和夫・卯月盛夫・延藤安弘・中林由行：共に住むかたち，建築資料研究社，1997より作成
12) 国土交通省住宅局住宅政策課監修：住宅経済データ集　平成21年度版，住宅産業新聞社，2009

参考文献

＊1　延藤安弘：これからの集合住宅づくり，晶文社，1995
＊2　小林秀樹：新・集合住宅の時代，NHK出版，1997

第 9 章

家族和居住生活的未来

　　住居可以说是家庭生活的基地，因此，住居可以体现出反映在空间上的家庭生活。这个空间整合成漂亮的建筑形态也好，或像帐篷那样简陋的空间也好，充分利用户外空间也好，家族经营家庭生活的空间可以说都是住居。

　　但是随着社会的变化、发展，人类的家族、家庭生活其方式也在迅速发生变化。家族中每个人的作用、角色，战前家长制背景下的家族观与今天这种民主的家族观有着很大不同。家长或长子统领家族的生活与家族超越长幼、男女的区别，平等地参与团聚生活，其房间的使用方法，对住居索求的功能有着本质的区别。比起家族的团聚，重视来客的款待更重要，还是与其相反，其接待客人的空间形态就会大相径庭。然而战后在平民住宅中普及的坐椅子生活作为今后发展方向，在住居层面、居住方式层面上将会成为极大改变住宅的条件。

　　在本章，想就住居将来如何变化，理清其基本的课题，以加深对展望的理解。

　　第 1 节就"家族和居住生活的变化"关系展开论述，第 2 节提出"公私室型平面的展望"的视点，第 3 节就"公室的新动向"提出具体建议，第 4 节探讨"裸足坐椅子"的生活方式的未来定型，第 5 节梳理"新的居住方式"带来的诸问题及发展方向，思考未来的住居如何适应家族生活，成为舒适的空间。

住居是家族和家庭生活的"容器"，因此生活内容变化了，自然也会要求"容器"改变。在这层意义上，与时代同步的生活变化了，住居也会与时俱进地发生变化。此外，作为住居的主人公的居住者的家族条件、生活内容发生变化时，如第4章所述住居会变成与过去不同的"容器"，近年，家族的变化成为社会关注的热点问题，那么它与住居如何关联？

9.1.1　家族变化与住居的变化

通常，从时间历程来看，一个年轻家庭的家族形态的变化，在某一阶段家族人数是增加的，孩子们随着岁月的步伐长大成人。不久孩子们结婚成家，经过"家庭分离"离开父母，家里只剩下老夫妻，最终由于配偶的去世变成单身家庭。

通常把这种家族的历年变化称为家族周期。以往的住宅设计，会设想在家族周期的每

一个节点发生的居住要求的变化，选择适合各周期的居住空间、住宅形式，作为生活方式受到重视。

日本在住宅政策的制定上，也把家族周期论的概念作为推测未来住宅需求的重要根据。这就是"一户一套住宅"的政策的依据。

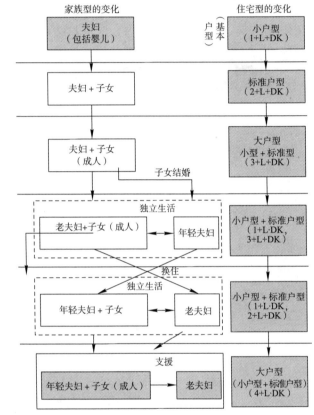

图9.1　家族周期和住宅的变化

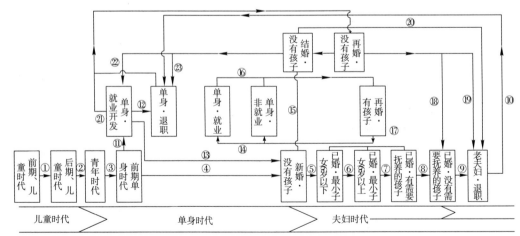

注：图中的①~⑨的过程被认为是传统的家族生活周期。
　　但是，职业优先，终身不结婚，或结婚但职业优先，不要孩子的生活周期过程也在不断增加，仅有传统的④~⑨生活周期过程已经不能说是完整的了。

图9.2　生活周期循环的多样化

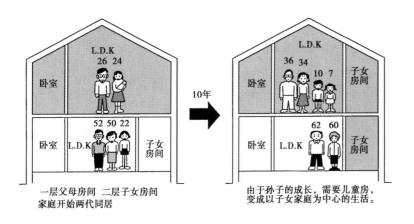

一层父母房间 二层子女房间
家庭开始两代同居

由于孙子的成长，需要儿童房，
变成以子女家庭为中心的生活。

10年

15年

随着时间的推移，
生活周期巡回一周

LDK：起居室、餐厅、厨房
数字：年龄

父母家庭
（第一代）

子女家庭
（第二代）

孙子家庭
（第三代）

由于孙子结婚，二层是孙子家
庭，一层成为父母·子女家庭

图9.3 两代居住宅的生活周期的实例

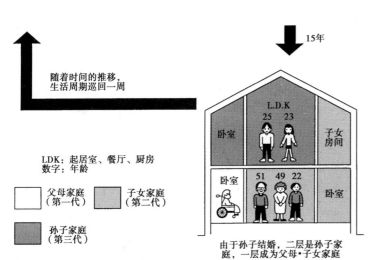

（夫妇家族）Conjugal Family

（扩大家族）Extended Family

（核心家庭）Nuclear Family

Matriarchal Family（母系制家族）

（修正扩大大家族）Modified-Extended Family

（单亲家族）Single-Parent Family

Patrilineal Family（父系制家族）

Everyone is part of a Family, You too!
谁都是（多样）家族成员之一，你也是一分子！

注：出自关于家族的维也纳非政府组织（NGO）委员会的资料
表明了全球规模的多样化家族的现状

图9.4 多样的家族形式

9.1.2 家族周期和居住要求

家族规模小时，小面积住宅的生活是可能的。但是随着家族人口增加，孩子们长大，私密场所的需求就会越发强烈，对房间的数量、性能方面提出更高的要求。进入高龄期后，如第7章所叙述的那样，需要以无障碍为前提的居住空间和居住环境。此外，与父母同居和核心家族的生活情况，即便家族周期一样，居住要求的内容也不同。

此外，就住居区位环境而言，由于家族周期的不同，选择城市设施方便性高的市中心好，还是重视自然环境、接地性高的郊外住宅好，其判断也不同。

9.1.3 家族多样化与住居

当今社会，从现代的核心家族向着允许更加多样的家族存在的趋势变化。夫妇和未婚子女组成的核心家族以外，有传统的世代家族，也有未婚母亲或未婚父亲和孩子一起生活的单亲家庭，还有以"非婚"为生活观的单身们也开始主张把他们作为家庭看待。在部分发达国家出现了志趣相投的朋友同事一起共同生活的连带家族。在离婚、再婚不再受到社会的歧视和排斥的现代，家族的定义也好、流动化家庭需求也好，变得复杂莫测。

现代的家庭，不限于像过去家族那样，按部就班地按照家族周期上的时间节点有序移动。这使得对住宅需求的预测变得困难，因此，在一个住宅中开发可灵活使用的平面，确立新的生活方式将成为重要的课题。

9.2　公私室型平面的展望

住居的居室构成的构思在多数情况下称为"平面构成"、"平面设计"。战前就有的中廊型、外廊型的分类，在农村较多的田字型也是平面构成之一。

9.2.1　公私室型平面的引入

现在日本最普及的是公私室型的平面构成，这是"二战"后从美国引进的，是作为现代主义定位的平面设计的一种构思。其思路是把作为家族团聚的起居室（公室）、客厅放在最好的位置，其周围是直接联系家庭成员的卧室（私室），而且客厅与公共性格较强的厨房，以及作为设备卫生空间的厕所和浴室等用水空间就近布置。

战前封建的平面设计是牺牲家庭生活，以确保客厅、家长制的私室，与此相反，公私室型的平面特色是以家庭生活为本位，家庭成员的平等为重点的民主的平面设计。

战后，快速发展的家庭生活的民主化与摒弃家长制的趋势相伴而生，公私室型平面设计可以说是在国民住宅中迅速普及。现在我们用"L、D、K"来表示的平面类型就是吸纳了公私室型的潮流。

9.2.2　公私生活的分离

在居住生活中，把公的生活场所与私的生活场所分开的公私室型平面的构思，使家庭的居住生活的空间秩序化，消解了居住空间使用的混同，作为明确的指针被接受。

在"二战"后的住宅供给中，在国民居住生活的改善上留下历史足迹的公共租赁住宅（公营住宅、公团住宅），促进了在集合住宅的供给上率先引入公私室型平面。但是由于处在战后不久的时期，国民的住宅水平（特别是面积规模）还不像现在这么高，公私室型的引入在现实上极其走形。

初期的城市部的公营住宅是为低收入家庭提供RC（钢筋混凝土结构）的集合住宅，平面为

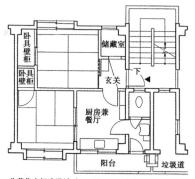

公营住宅标准设计（51C型，1951年）

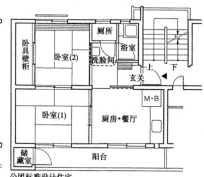

公团标准设计住宅

图9.5　初期公共住宅的平面图

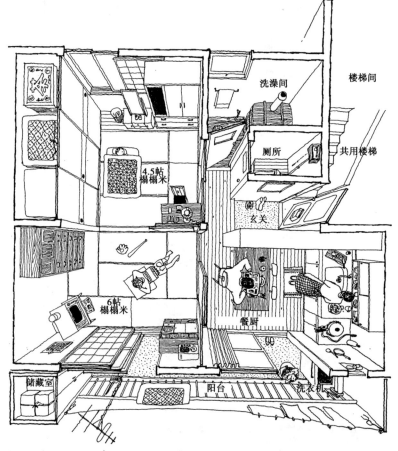

图9.6　初期公团的2DK居住方式的实例[1]

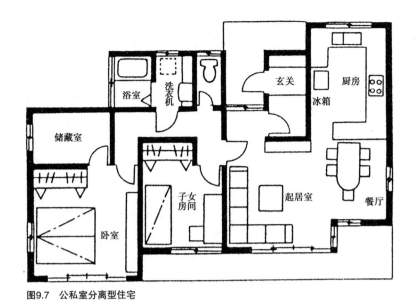

图9.7 公私室分离型住宅

公私室型平面构成（传统型：1个起居室）

MB
主卧室

SB
次卧室

DK
厨房·餐厅

SB
次卧室

LIVING
家族团聚·接客

SU
卫生空间

MB:主卧室（夫妇房间）
SB:次卧室（子女房间）
→私密空间
FS:规整的团聚空间
IFS:轻松融洽的团聚空间
→公共空间
DK:厨房和餐厅
LIVING:团聚空间
→公共空间
SU:卫生空间（浴缸、洗脸、厕所）
→其他

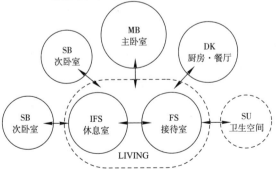

住宅的居室分为私密和公共2个生活空间，将夫妇房间和子女房间作为个人生活的场所，使其独立，除此以外的生活作为公共生活由起居室统一承担，将公私生活分离。家族的团聚和接客也作为公共的生活，在同一空间处理。

新公私室型平面构成（将来型：高混合起居室）

MB
主卧室

SB
次卧室

DK
厨房·餐厅

SB
次卧室

IFS
休息室

FS
接待室

SU
卫生空间

LIVING

根据实际的生活方式，居住空间分为家族成员个人的生活空间、家庭成员非正式的休息空间及与熟人·朋友交往的正式团聚空间3种，公共生活场所作为高混合形的起居室，相对由2个空间构成。

图9.8 新旧公私室型平面构成

2DK 类型并成为主流。配有 2 间日式卧室（私室），4 帖半的西式房间为 DK（公室）。就餐、团聚、接待客人都在这有限的空间中进行，作为公的生活统合处理的设计。

9.2.3 公私室型的反思

经历"二战"后60年以上的居住生活的经验，日本人没有确立将公的生活场所作为就餐、家族团圆、接待客人的场所统一使用的居住方式。公室的典型起居室作为家庭成员团聚的场所使用的话，就会成为日常杂乱的空间，不适合正规接待客人。相反把客厅整理成可以接待客人那样的规整的空间，就会成为拒绝家庭成员无拘无束使用的空间。

对欧美和日本的家族生活的认识差异也是重要原因。同时公私室型平面被引入日本时，由于空间有限，提供的是狭窄的空间，不能全部容纳整个公的生活，以致在以后的国民生活中没有树立正确的公室的形象，可以说也是原因之一。

9.2.4 新的公私室的方向

作为新的公的生活场所的客厅如何在日本家庭生活中扎根，可以说是今后居住方式的一个大课题。一是将公室要求的居住功能在空间上分离，作为家族生活的场所和作为接待客人的场所分开，也可以考虑客厅具有的双重功能的空间构成。即所谓客厅的混合构成，家族团聚和接待客人的应对同在一室，保障互不矛盾的处理也是可能的吧。

9.3 公室的新趋势

对接客的意识、应对的不同，公室的功能、居住方式也会不同。为接待一年中只来访几次的客人而保留高规格的客厅作为"不开放的房间"，用今天的住居观来看是不合理的。新的公室的形态是今后住宅设计和居住方式的重大课题。

9.3.1 公室的两面性

客厅作为家族团聚、品茶、观赏电视的空间来使用。在那里家族不需要紧张的气氛，正襟危坐。家族可以随心所欲地采取放松的姿势，舒服的着装，快乐地享受团聚，室内不必整理得那样井井有条。正在阅读的杂志，吃剩下的点心可以随意地放在桌子上，脱下的毛衣可以搭在沙发上。

但是，如果是客人经过的房间，这个客厅就显得有些失礼，就要考虑适合那种场合的着装，在客人面前的举止。

像欧美那样，即使说家族同士，除自己的私生活以外都定位为公的生活，养成了可以应对的生活习惯，这样公室的生活就不会太混乱。

但是，日本的家庭生活"私"、"家族"、"客人"3种生活局面复杂地交织在一起，互相干涉。因此公的生活具有家族生活与接客生活的两面性，很难纯化为一个空间。

9.3.2 家族生活的分离

在公的生活中，家族团聚行为如何与接待客人的行为协调，是处理公室空间的重要课题。

（1）视线分离

视线分离的方法就是在面积

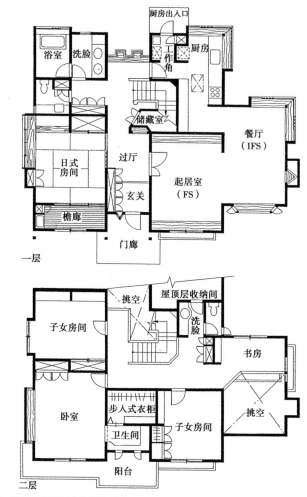

图9.9 将公室在空间上分离的例子

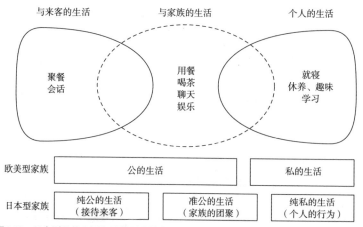

图9.10 日本型公的生活和欧美型公的生活

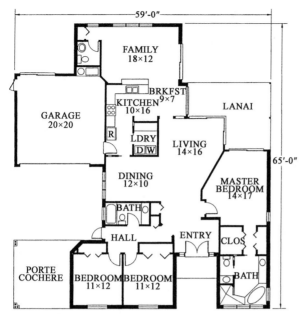

图9.11　家族房的例子[2]

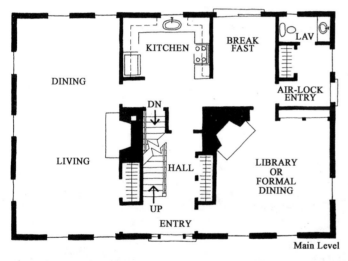

Main Level

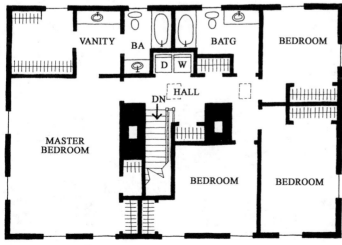

图9.12　正式餐厅的例子[2]

大的客厅中，使用家具布置、绿色植物的布置，把接待客人的正式空间和家族团聚的非正式空间在视线上分开，作为解决方法的前提是确保较大的客厅面积。

（2）DK分离

DK分离是以客厅为主作为接待客人的空间发挥作用，家族团聚转移到宽阔的DK室的方法。日本家族团聚的特色是边吃饭边交流，是针对这一特色的解决对策。

（3）近邻日式起居室

起居样式的组合并用，根据榻榻米房间的需要，将日式房间布置在西式起居室的旁边，安排2个公室，解决方法是临时来客人时将一侧的公室作为接待客人的客厅使用。

（4）外部设施的利用

其解决对策是接待客人的必要房间从住宅中向外部扩展，有效利用城市设施的饭店、酒店等，住宅的公室特定为家族团员的空间。

9.3.3　欧美的客厅的对应

在公的生活场所混乱现象不少见的欧美国家，最近也出现了在平面上确保只有家族放松休憩的空间。餐厅也有家族使用的一般餐室与接待来客的用品齐全、井然有序、装饰周到的正式餐厅分离的情况。平面形式是兼用客厅作为正式接待客人的公的空间，家族团聚的公的空间由家族房取而代之。

家族的生活和掺杂家族以外的熟人的生活在同一空间处理的方法有效？还是分离方法不产生矛盾？可以说依据每个家庭生活的方式不同而各异。

9.4 裸足坐椅子生活的定型

两种起居样式并存的日本，在世界上城市化先进的国家中也是罕见的。这两种起居样式的共生并不是从传统继承来的，而是作为新的起居样式开始发生本质的变化，引人注目。

9.4.1 裸足

构成日本的起居样式特征的最大原因是，室内和室外的脚下的不同。我们在室外生活和其他文明国家一样是穿着鞋子活动的。但是在室内生活，基本上是接近裸足的状态。这一点是与其他国家完全不同的生活样式。

这种不同，是以玄关的"脱鞋"的行为为分界的，日本最初在引入椅子的时候在西式住宅中完全是穿着鞋子的椅子生活。从大正时期开始，城市以中产阶级、知识分子为中心普及的"文化住宅"，引进了坐椅子的生活方式。西式房间（客厅）设在和室的一角，因此以玄关的脱鞋为前提发展了裸足坐椅子的生活。

室内不穿鞋的生活方式，消除了人们意识上的西式房间地面不干净的感觉，西式房间也可以在地面上直接坐卧，缓解了对垂足正座的抵触。

9.4.2 安乐姿势的放大

这种日本独特的裸足坐椅子的生活起居习惯，其结果在西式家具布设的西式房间，也发生了席地而坐的起居方式，直接坐在地毯上，在沙发上

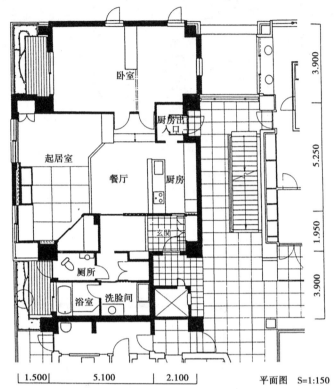

图9.13 铺榻榻米的西式客厅（设计：atelier，佐佐木惠子）[3]

图9.14 座位部分降低的客厅（S宅，设计：独乐藏，摄影：兴水 进）

图9.15 作为休闲姿势喜欢席地而坐（摄影：川崎 祐子）

图9.16 适合地板生活的家具和室内设计

图9.17 西式感觉的榻榻米床

横卧，在沙发上跪坐代替靠背的姿势成为普遍现象。这种姿势按照原来的起居样式来说，从哪方面来看给人的印象都是"不正确的姿势"。既不是正式的坐椅子的姿势，也不是正式的跪坐的姿势，是不入流的样式。

那么是作为传统的起居样式被瓦解的现象接受呢，还是定位为先进的起居样式过渡期的混乱，在现阶段很难判断。

但是对人类来说一般认为选取最放松的姿势，才是本来的起居姿势之目的。因此，现在各种姿势，应该作为新的起居样式予以肯定和接受。

9.4.3 新的设计策略

在一个空间集聚的人们，统一在一种起居样式时，室内的设计构成是简单的，但是在起居样式复杂多样化的情况下，要求室内设计有极其复杂的对策。以坐椅子为标准的西式感觉的室内构成和以榻榻米为标准的日式感觉的室内构成的样式是对立的，同时聚集在那里的人们的视线位置、在地面上横卧的人和正座的人、在沙发上睡卧的人以及在沙发上坐着的人，各自的视线就会发生高度不同的情况。

考虑室内设计时在高低线的位置，设定统一的高度是很困难的，作为新的起居样式"裸足坐椅子"的定型是不可避免的趋势，与此同时，可以说要求我们即使在西式房间也应有与欧美不同的室内设计策略。

9.5　新的居住方式

随着时代的变化，住居和居住方式自然也会变化。21世纪的社会比以往更迅速地发生了多样的变化。可以说不要让其速度使人们迷失方向，让住居失去本来的应有的方向是一个重要的视点。

9.5.1　居住方式的变化

在各领域都可以预测未来的住宅变化。

"住宅供给领域"认为城市化进一步发展，朝着住居所具有的功能，将比现在更加外部化、共同化的方向发展。而且如果放任居住地的人际关系的话，会面临更加匿名化、个别化的危机。在"住宅所有形态"上，会出现目前私房和租房的中间形式的使用权型住宅。有必要实现住宅生产的工业化，因此，住宅的设计、平面的格式化和个性化的统一的课题将受到广泛关注。

"居住生活的领域"也会朝着新的日式居住方式的确立变化和迅速地发展。起居样式如前所述会向着裸足坐椅子的生活统一，公私室设计论也会要求有新的公室功能的具体提案。在"居住环境领域"室内环境中人工环境的局限、要求住宅有提高人类适应环境能力的室内环境。并不是无限地要求提升人工环境性能的概念，而是要求重新认识提高居住在那里的人们的健康维持能力。

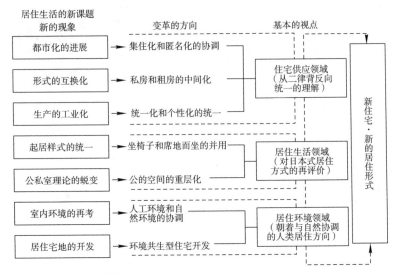

图9.18　居住生活的新课题

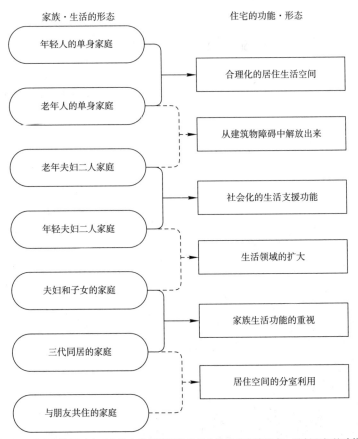

图9.19　**家族和住居**（今后的住宅将根据居住者各个阶段的家族形态，选择理想的功能）

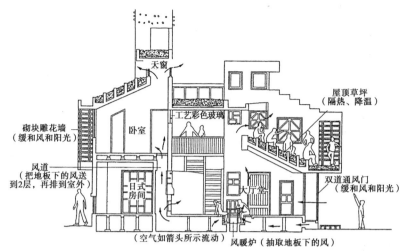

图9.20　环境共存型住宅实例[4]

图中标注文字：
天窗
屋顶草坪（隔热、降温）
工艺彩色玻璃
砌块雕花墙（缓和风和阳光）
卧室
风道（把地板下的风送到2层，再排到室外）
日式房间
大厅堂
双道通风门（缓和风和阳光）
（空气如箭头所示流动）
风暖炉（抽取地板下的风）

图9.21　采用席地而坐的起居室[5]

图9.22　在西式客厅裸足高坐的情景[6]

9.5.2　居住环境的新理念

考虑到今后的住居和居住环境，选择主要的关键词如"环境共生"和"应对高龄者社会"，还有"信息化"、"国际化"这些视点是不可缺失的。

可持续社会就是要求我们保护地球环境，将资源留给后代的同时，拥有可以舒适地生活的住宅、居住环境、新的居住方式。

尽管日本迅速进入高龄化社会，国民的存量住宅、流动住宅的设备性能、设计规格都不适应高龄化社会。包括对所有弱势群体的关心，全面实现住居和居住环境的无障碍设计是当务之急的课题。

随着信息、通信手段的发达，提出家庭引入各种信息设备，有效利用信息设备，提高舒适度是必要的。

在全球化的进展中，保证各种生活方式与世界其他文化的共存的居住生活以及居住地环境建设也逐渐提到议事日程上来。

9.5.3　起居样式的提案

我们已经提出了一些以"裸足坐椅子的生活"为前提的起居样式。但是将椅子式空间作为跪坐式空间的使用情况多起来。其结果，忽视了很多日式木结构建筑所具备的可以舒适健康生活的日式住宅特有的功能。

要求在今后裸足坐椅子的居住方式中，继承和具体追求席地而坐的日式住宅的优秀功能。

图表出处

1) 稲葉和也・中山繁信：日本人のすまい，彰国社，1983
2) HOME PLAN，1996，Winter
3) 大阪ガス：NEXT 21 住戸コンセプト集
4) 日本建築士会連合会編：住まいづくりの本，彰国社，1990
5) 積水ハウス東京設計部監修：インテリア・デザイニング，
   グラフィック社，1988
6) 伊藤セツ・岸本幸臣他：家庭一般　新しい家庭の創造を求
   めて（指導資料，Vol. 2），実教出版，1998

著者简历

岸本幸臣
1940 年　大阪府出生
1975 年　京都大学大学院工学研究科建筑学专攻博士课程修了
现　在　羽衣国际大学校长，大阪教育大学名誉教授
　　　　工学博士

吉田高子
1941 年　爱知县出生
1964 年　大阪市立大学住居学科毕业
现　在　原近畿大学教授
　　　　工学博士

后藤　久
1937 年　东京都出生
1970 年　早稻田大学大学院理工学研究科建筑工学专攻博士课程修了
　　　　日本女子大学教授，早稻田大学理工学术院客座教授
现　在　sayiba 大学世界遗产学部客座教授，日本女子大学名誉教授
　　　　工学博士

渥美正子
1957 年　静冈县出生
1981 年　大阪教育大学大学院教育学研究科家政教育专攻硕士课程修了
现　在　爱知淑德大学媒体制作学部，媒体制作学科教授
　　　　教育学硕士

大野治代
1943 年　富山县出生
1966 年　大阪市立大学住居学学科毕业
现　在　大手前大学媒体艺术学部教授
　　　　工学博士

中林浩
1953 年　爱知县出生
1984 年　京都大学大学院工学研究科建筑学专攻博士课程修了
现　在　神户松荫女子学院大学人间科学部时尚住宅设计学科教授
　　　　工学博士

高阪谦次
1946 年　爱知县出生
1971 年　名古屋大学大学院工学研究科建筑学专攻硕士课程修了
现　在　椙山女学园大学生活科学部生活环境设计学科教授
　　　　工学博士

小仓育代
1958 年　兵库县出生
1983 年　大阪教育大学教育学研究科家政教育专攻硕士课程修了
现　在　大阪女子短期大学生活科学科教授
　　　　教育学硕士

著作权合同登记图字：01–2012–0975 号

图书在版编目（CIP）数据

图解住居学（原著第二版）/［日］本书编委会编；胡惠琴，
李逸定译.—北京：中国建筑工业出版社，2013.1
ISBN 978-7-112-14457-0

Ⅰ. ①图… Ⅱ. ①本… ②胡… ③李… Ⅲ. ①居住环境–
图解 Ⅳ. ①X21-64

中国版本图书馆CIP数据核字（2012）第143955号

Japanese title：Zukaijuukyogaku 1 Sumai to Seikatsu Dainihan
by Yukiomi Kishimoto，Takako Yoshida，Hisashi Goto，Masako Atsumi，
Haruyo Ohno，Hiroshi Nakabayashi，Kenji Kosaka，Ikuyo Ogura
edited by Zukaijuukyogaku Henshuuiinkai
Copyright © 2011 by Zukaijuukyogaku Henshuuiinkai（Representative）
Original Japanese edition published by SHOKOKUSHA Publishing Co.，Ltd.，
Tokyo，Japan

本书由日本彰国社授权翻译出版

责任编辑：白玉美　刘文昕
责任设计：董建平
责任校对：陈晶晶　王雪竹

图解住居学
（原著第二版）
［日］本书编委会　编
［日］岸本幸臣　吉田高子　后藤　久　渥美正子
　　　大野治代　中林　浩　高阪谦次　小仓育代　执笔
胡惠琴　李逸定　译
＊
中国建筑工业出版社出版、发行（北京西郊百万庄）
各地新华书店、建筑书店经销
华鲁印联（北京）科贸有限公司制版
北京中科印刷有限公司印刷
＊
开本：787×1092毫米　1/16　印张：9　字数：285千字
2013年3月第一版　　2013年3月第一次印刷
定价：30.00元
ISBN 978-7-112-14457-0
（22507）